写给设计师的书

室内家居
设计手册

（第2版）

王萍　董辅川◎编著

清華大學出版社
北京

内 容 简 介

本书是一本全面介绍室内家居设计的图书，特点是知识易懂、案例易学、动手实践、发散思维。

本书从学习室内家居设计的基础知识入手，循序渐进地为读者呈现出一个个精彩实用的知识、技巧。本书共分为 7 章，内容分别为室内家居设计原理，室内家居设计基础知识，室内家居设计基础色，室内家居空间分类，室内家居装饰风格分类，室内家居设计 4 个元素，室内家居设计秘籍。同时本书还在多个章节中安排了案例解析、设计技巧、配色方案、设计赏析和设计秘籍等经典模块，既丰富了本书内容，也增强了实用性。

本书内容丰富、案例精彩、版式设计新颖，既适合室内设计师、初级读者学习使用，也可以作为大中专院校室内设计专业、室内设计培训机构的教材，同时也非常适合自己装修房子的读者朋友作为参考用书。

图书在版编目 (CIP) 数据

室内家居设计手册 / 王萍 , 董辅川编著 . —2 版 . —北京：清华大学出版社，2020.7
（写给设计师的书）

ISBN 978-7-302-55475-2

Ⅰ . ①室… Ⅱ . ①王… ②董… Ⅲ . ①室内装饰设计－手册 Ⅳ . ① TU238.2-62

中国版本图书馆 CIP 数据核字 (2020) 第 083942 号

责任编辑：韩宜波
封面设计：杨玉兰
责任校对：周剑云
责任印制：宋　林

出版发行：清华大学出版社
　　　网　　址：http://www.tup.com.cn，http://www.wqbook.com
　　　地　　址：北京清华大学学研大厦 A 座　　　　　邮　编：100084
　　　社 总 机：010-62770175　　　　　　　　　　邮　购：010-62786544
　　　投稿与读者服务：010-62776969，c-service@tup.tsinghua.edu.cn
　　　质量反馈：010-62772015，zhiliang@tup.tsinghua.edu.cn
印 装 者：涿州汇美亿浓印刷有限公司
经　　销：全国新华书店
开　　本：190mm×260mm　　　印　张：13.25　　　字　数：322 千字
版　　次：2016 年 7 月第 1 版　　2020 年 7 月第 2 版　　印　次：2020 年 7 月第 1 次印刷
定　　价：69.80 元

产品编号：081485-01

前言
FOREWORD

本书是笔者从事室内设计工作多年的一个总结，以让读者少走弯路寻找设计捷径为目的。书中包含了室内家居设计必学的基础知识及经典技巧。身处设计行业，一定要知道，光说不练假把式，因此本书不仅有理论、有精彩的案例赏析，还有大量的模块，可启发你的大脑，提高你的设计能力。

希望读者看完本书以后，不只会说"我看完了，挺好的，作品好看，分析也挺好的"，这不是笔者编写本书的目的。希望读者会说"本书给我更多的是思路的启发，让我的思维更开阔，学会了举一反三，知识通过消化吸收变成了自己的"，这才是笔者编写本书的初衷。

本书共分 7 章，具体安排如下。

第 1 章　室内家居设计原理，介绍了室内家居设计的概念、原则、法则、要素等知识，是最简单、最基础的原理部分。

第 2 章　室内家居设计基础知识，包括色彩、构图、人体工程学等内容。

第 3 章　室内家居设计基础色，从红、橙、黄、绿、青、蓝、紫、黑、白、灰 10 种颜色，逐一分析讲解每种色彩在室内家居设计中的应用规律。

第 4 章　室内家居空间分类，其中包括 8 种不同空间的特点的详解。

第 5 章　室内家居装饰风格分类，其中包括 10 种不同室内装饰风格的详解。

第 6 章　室内家居设计 4 个元素，从剖析设计定位、家居搭配、潮流元素和软装配饰 4 个方面完整地讲解了室内设计的流程。

第 7 章　室内家居设计秘籍，精选 15 个设计秘籍，让读者轻松愉快地学习完最后的部分。本章也是对前面章节知识点的巩固和理解，需要读者动脑筋去积极思考。

本书特色如下。

◎ 轻鉴赏，重实践。鉴赏类书籍只能看，看完自己还是设计不好，本书则不同，增加了多个动手的模块，让读者边看边学边练。

◎ 章节合理，易吸收。第 1~3 章主要讲解室内家居设计的相关知识；第 4~7 章介绍了室内家居的空间、风格等内容；最后一章以轻松的方式介绍了10多个设计秘籍。

◎ 设计师编写，写给设计师看。针对性强，而且知道读者的需求。

◎ 模块超丰富。案例解析、设计技巧、配色方案、设计欣赏、设计实战、设计秘籍在本书中都能找到，一次性满足读者的求知欲。

◎ 本书是系列图书中的一本。在本系列图书中读者不仅能系统地学习室内设计，而且还有更多的设计专业供读者选择。

希望本书通过对知识的归纳总结、趣味的模块讲解，能够打开读者的思路，避免一味地照搬书本内容，推动读者自觉多做尝试、多理解，增强动脑、动手的能力。希望通过本书，激发读者的学习兴趣，开启设计的大门，帮助你迈出第一步，圆你一个设计师的梦！

本书由王萍、董辅川编著，其他参与编写的人员还有李芳、孙晓军、杨宗香。

由于编者水平有限，书中难免存在疏漏和不妥之处，敬请广大读者批评和指正。

编　者

目录
CONTENTS

第 3 章

室内家居设计的基础色

第 4 章 ⅠⅠⅠⅠⅠⅠⅠⅠⅠⅠⅠⅠⅠⅠ

室内家居空间的分类

第 5 章 ⅠⅠⅠⅠⅠⅠⅠⅠⅠⅠⅠⅠⅠⅠ

室内家居装饰风格的分类

第6章
室内家居设计的 4 个元素

第7章
室内家居设计的秘籍

第 1 章 室内家居设计的原理

　　室内设计的好坏关系着人们家居生活的质量，因此家居设计要从不同的角度、以不同的方式进行构造。由部分到整体，让感官起到决定性的作用。而且进行空间设计时要把握好空间的主次结构、层次分明，在能够使室内空间丰富多彩的同时，又有助于室内的完整性。室内空间设计最应该重视的是空间给人带来的舒适性，要做到空间为人提供服务，不要让人围绕着空间转，这样才能够使空间具有人性化。家居空间是生活的"灵魂"，但也要与个人的生活水平联系在一起，不能盲目地追随时尚。

1.1 什么是室内家居设计

　　室内家居设计是根据家居空间使用的整体风格进行家居陈列搭配。

　　室内家居设计是由多个部分构成的整体设计，能使家居风格、家居摆饰、家居配饰以及家居软装等多种元素系统化。家居风格是构成空间统一的隐形元素；家居摆饰则是必不可少的角色；家居配饰是装点环境，为环境增添亮点的部分；家居软装既能装点空间，又能提升空间的生活品质。

特点：

◆ 物质与精神的结合，满足人们的心理需求。

◆ 具有协调统一的美感。

◆ 通过颜色、质量、光展现室内空间的动感。

1.2 室内家居都需要哪些设计

随着生活水平的提高，人们对生活品质也进行了不断的提升，对家居生活也有了一定的需求，已经上升为精神上的追求。而家居空间装修需要空间配色设计、家具搭配设计，以及一些软装饰设计。

1. 空间配色设计

空间颜色不得超过3种，而且黑色、白色不算色彩。并且空间要使用统一的颜色，以免使空间出现眼花缭乱的视觉感。

2. 家具搭配设计

要重视整体风格的统一，根据功能和使用性质进行布置，同时也要抓住不同区域的功能特点，形成一个相对完整的区域。

3. 软装饰设计

软装饰设计是装修完后运用一些可移动的饰物进行空间装点。软装饰可以根据居住主人的经济水平和空间的大小进行合理的搭配，此外，软装饰既能装饰空间，又能提升居住主人的生活水平。

1.3 室内设计中的点、线、面

室内设计中的点、线、面是设计中的艺术表现手法。它们不仅可以单独使用，也可以结合起来综合运用，还能达到既丰富又良好的视觉效果。

◎1.3.1 点

点是无处不在的，根据方向远近的不同可以知晓点是没有大小和形体的。它可以根据参照物的不同进行随意的伸缩。在室内设计中，点可以形成聚合扩散的状态，构成视觉中心。

◎1.3.2 线

线既是由点的运行所形成的轨迹，又是面的边界。线在室内设计中是构成形体的框架，不同的数量以及方向所构成的形态与质感各有不同，它能够使室内环境更具有节奏感。

◎1.3.3　面

面是由线移动构成的结果，面只有长度和宽度，却没有厚度。面在室内设计中是由空间构成的，而面的多种组成部分又可构成立体效果，因此面也能为空间带来丰富的表现。

1.4　室内设计的 4 个原则

室内设计的 4 个原则分别是人性化原则、艺术性原则、个性化原则和经济性原则。

◎1.4.1　人性化原则

室内设计以人的视觉感受为基础。以人为本的室内设计是追求精神和物质的高度统一，不仅可以给人直接或间接的美感，而且会给人带来不同的心理感受。它不仅是功能性很强的综合性设计，也是完整的艺术品展示。通过陈列、手法、灯光、道具、色彩等元素的综合运用，经设计赋予其生命，反映出人的视觉心理和视觉意境。

◎1.4.2 艺术性原则

室内的艺术性是科学与艺术的凝结，不仅能够揭示事物本质与空间的相互关系，通过一些艺术性的表达形式传播出陈列展示的意义与丰富内涵，也要根据展示品的灵活性特点通过空间、位置、摆放方法来进行展示，充分地运用艺术手法体现商品的美感。

◎ 1.4.3　个性化原则

　　个性特色的室内设计不仅是室内本身的设计，还要通过空间规划设计，运用灯光的控制和色彩的搭配，为空间塑造出一种富有艺术感染力的氛围。

◎ 1.4.4　经济性原则

　　经济性原则的室内设计是根据自己的需求进行功能设计，抛弃一些不必要、烦琐的功能设计，以最小的消耗达到所需目的。

1.5 室内设计的 7 个法则

室内设计是为了满足顾客一定的审美要求和视觉感受进行的空间装扮行为。室内设计的 7 大法则分别是比例、平衡、反复、渐变、强调、和谐和节奏。

◎1.5.1 比例

空间的比例是设计时将室内各个区域空间进行合理划分，使空间每个部分协调配合；光与色彩的合理搭配，可以为空间起到烘托的作用；家具和一些陈设品也要具有协调性，能够让人的视觉感官达到均衡。

◎1.5.2 平衡

　　在家居装饰中，将家居或装饰品组合在一起，使空间成为视觉的焦点，因此平衡空间中各部分之间的关系。它既能够使空间中心一致，又避免了视觉上的不平衡感。

◎1.5.3 反复

空间的反复形式是将形态和构造连续地结合。反复设计在装修中应用比较广泛，已经产生了一定的积极效果。它也是比较容易把握的装修设计手法，能让人们在统一的形式中体会到非凡的韵律感。

◎1.5.4 渐变

室内设计中的渐变手法，透露着一种跳跃的动态视觉感，还可使用虚拟形式或真实的形态，把空间塑造得更具灵动性。

◎1.5.5 强调

不同的设计及不同的风格所强调的手法肯定会不同，但目的都是为了在第一时间凸显出舒适、优雅的空间。颜色的强调不仅使空间多姿多彩，还能够有效地抓住人的眼球；而元素的强调则能突出主题，清晰地表明中心思想。

◎1.5.6 和谐

居室空间设计必须要讲究和谐感，否则就会出现多种风格混乱的现象。例如，客厅墙体使用深蓝色、灯饰使用鲜红色，这样的空间只会令人感觉不舒适，甚至头晕目眩。

◎1.5.7 节奏

节奏感是线性设计和空间形态融洽的结合，犹如美妙的音乐让人们身心放松、心情舒畅，富有节奏感的空间也是如此，可以让生活变得更加美满。

1.6　室内设计的 6 个要素

在室内家居设计中有不同的风格，也有不同的要素，具体包括 6 大要素，分别是空间要素、色彩要素、光影要素、装饰要素、陈设要素和绿化要素。

◎1.6.1　空间要素

空间的装饰摆设可分为对称、均衡、和谐等，不再拘泥于以往的设计，给人一种推陈出新的感受。

◎1.6.2　色彩要素

室内色彩是空间艺术表达的重要因素。不同的色彩会给人不同的视觉感受，色调分为冷、暖两种形式，不仅可以传达出季节性的变化，而且能对一个人的心理产生影响，还会给空间带来不同凡响的效果。

◎1.6.3 光影要素

光对人类来说十分重要，在室内设计中也是如此。在室内家居设计中可以通过利用自然光照射、灯饰的直接照射和间接照射，用不同的光感带来不同的效果和感受。例如，自然光会营造出温馨的暖意，灯饰则会给室内带来绚丽的光感和浪漫的情调，不同的使用方法有着不同的特色。

◎1.6.4 装饰要素

装饰是室内设计中必不可少的重要一环，也是提升空间品位的重要因素之一，我们可以通过不同的墙纸、地板装饰出不同的风格，也可以使用一些小的元素美化空间的视觉感。而且，装饰不仅能够带来独特的享受，还能表达出不同的地域风情。

◎1.6.5 陈设要素

　　室内家具、灯饰、餐桌等是必不可少的陈设。在家居陈设搭配时可以根据不同的形态或相同的形态进行对比搭配，使布局的节奏韵律相互统一，让空间产生美的感染力。

◎1.6.6 绿化要素

　　室内设计中的绿化手法是改善空间的巧妙手法，但是要切记宜少不宜多，否则会弄巧成拙。植物不仅能够吸收二氧化碳和有毒气体，而且会排放出氧气，具有清新环境、改善空气质量的作用。

第2章 室内家居设计的基础知识

室内家居设计的目的是为了营造适用、美观的室内空间。

室内色彩主要是为了满足功能性和精神性的要求，力求与空间构图相符合，充分地发挥出色彩在空间中的美化作用。此外，还要正确地处理空间的协调统一性，为了达到空间统一的效果，空间大面积色块不宜选用鲜明的色调，而是选用小面积的色块，以提高空间色彩的明度与纯度。

室内构图就是对空间的形式、色彩、家具等进行合理布局，根据客户要求反映出设计思想，使设计令客户满意。

视觉引导流程，是人眼接受外界信息所构成的引导，让视觉随之"流动"而进行运动观察。

室内人体工程学，是根据人的身高比例为衡量的标准，在进行各种活动空间区域设计时，使空间感更为合适，更具有条理。

环境心理学，是研究环境与人心理的关系。

2.1 室内色彩

在室内家居设计中，色彩是十分重要的科学性表达，色彩在主观上是一种行为反应，在客观上则是一种刺激现象和心理表达。色彩的最大整体性就是画面的表现，把握好整体色的倾向，再去调和色彩的变化才能做到整体效果的和谐与统一。色彩的重要来源是光的产生，也可以说，没有光就没有色彩，而太阳光被分解为红、橙、黄、绿、青、蓝、紫等色彩，各种色光的波长又是各不相同的。

红——750～620nm
橙——620～590nm
黄——590～570nm
绿——570～495nm
青——495～476nm
蓝——475～450nm
紫——450～380nm

颜色	频率	波长
紫色	668～789 THz	380～450 nm
蓝色	631～668 THz	450～475 nm
青色	606～630 THz	476～495 nm
绿色	526～606 THz	495～570 nm
黄色	508～526 THz	570～590 nm
橙色	484～508 THz	590～620 nm
红色	400～484 THz	620～750 nm

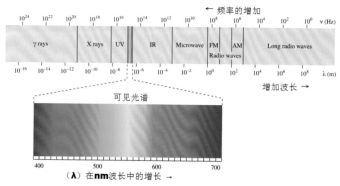

（λ）在nm波长中的增长 →

◉ 2.1.1 色相、明度、纯度

色彩是由光引起的，有着先声夺人的力量。色彩的三元素是色相、明度和纯度。

色相是色彩的首要特性，是区别色彩的最精确的准则。色相又是由原色、间色、复色组成的。而色相的区别就是由不同的波长来决定，即使是同一种颜色，也要分不同的色相，如红色可分为鲜红、大红、橘红等，蓝色可分为湖蓝、蔚蓝、钴蓝等，灰色可分为红灰、蓝灰、紫灰等。人眼可分辨出大约一百多种不同的颜色。

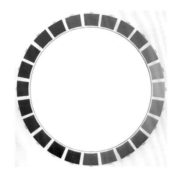

明度是指色彩的明暗程度，明度不仅表现于物体照明程度，而且还表现在反射程度的系数。明度又可分为九个级别，最暗为1，最亮为9，并划分出3种基调。

（1）1~3级为低明度的暗色调，给人一种沉着、厚重、忠实的感觉。

（2）4~6级为中明度色调，给人一种安逸、柔和、高雅的感觉。

（3）7~9级为高明度的亮色调，给人一种清新、明快、华美的感觉。

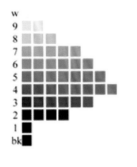

纯度是色彩的饱和程度，也是色彩的纯净程度。纯度在色彩搭配上具有强调主题和意想不到的视觉效果。纯度较高的颜色会给人造成强烈的刺激感，能够给人留下深刻的印象，但也容易造成疲倦感，要是与一些低明度的颜色相配合则会显得细腻舒适。纯度也可分为3个阶段。

（1）高纯度：8~10级为高纯度，使人产生强烈、鲜明、生动的感觉。

（2）中纯度：4~7级为中纯度，使人产生适当、温和的平静感觉。

（3）低纯度：1~3级为低纯度，使人产生细腻、雅致、朦胧的感觉。

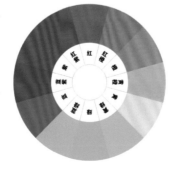
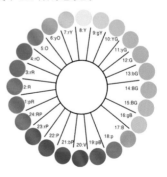

◎2.1.2　主色、辅助色、点缀色

居室空间设计要注重色彩的全局性，不要使色彩偏于一个方向，否则会使空间失去平衡感。而空间的色调又可分为主色、辅助色、点缀色。下面就对此进行一一介绍。

1. 主色

主色是空间中统一的基调，起着主导的作用，能够让空间看起来更为和谐，是不可忽视的空间表现。

2. 辅助色

辅助色是补充或辅助空间的主体色彩，在空间使用时最好运用亮丽的色彩表现，可以表现出一定的意义。

3. 点缀色

点缀色是在空间占有极小一部分面积的色彩，易于变化，又能突破空间整体布局的束缚，还可以烘托空间气氛，彰显出自身固有的魅力。

◎2.1.3 邻近色、对比色

邻近色与对比色在装修中运用得比较广泛，装修过程中不仅要高度地归纳，还要用色彩表现空间的丰富景象，与不同的元素相结合，能够完美地展现出空间的魅力所在。

1. 邻近色

从美术的角度来说，邻近色在相邻的各个颜色中能够看出彼此的存在，你中有我，我中有你；在色环上看，就是两者之间相距 90°，色彩冷暖性质相同，具有相近的色彩情感。

2. 对比色

对比色可以说是两种色彩的明显区分，在 24 色环上相距 120°~180° 的两种颜色。对比色可分为冷暖对比、色相对比、明度对比、饱和度对比等。对比色拥有强烈的分歧性，适当的运用能够加强空间感的对比，表现出特殊的视觉效果。

◎2.1.4 色彩与面积

　　色彩的面积设计在室内家居设计中有着很大的影响。在一定程度上，面积是色彩不可缺少的一个特性，因此色彩的面积决定着空间视觉感的变化。一般来讲，大面积的色彩在整体空间中具有一定的主导作用，能够产生较强的刺激感，十分引人注目。反之，较小面积的色彩在空间中起着辅助或点缀的作用，使空间内容更加丰富，具有画龙点睛的作用。

◎2.1.5 色彩混合

　　色彩的混合有加色混合、减色混合和中性混合3种形式。

1. 加色混合

　　在对已知光源色研究过程中，发现色光的三原色与颜料色的三原色有所不同。色光的三原色为红(略带橙味儿)、绿、蓝(略带紫味儿)。而色光三原色混合后的间色(红紫、黄、绿青)相当于颜料色的三原色，色光在混合中会使混合后的色光明度增加。使色彩明度增加的混合方法称为加法混合，也叫色光混合。例如：

　　　　红光 + 绿光 = 黄光；

　　　　红光 + 蓝光 = 品红光；

　　　　蓝光 + 绿光 = 青光；

　　　　红光 + 绿光 + 蓝光 = 白光。

2. 减色混合

当色料混合在一起时，会呈现出另一种颜色效果，这就是减色混合法。色料的三原色分别是品红色、青色和黄色，因为一般三原色色料的颜色本身就不够纯正，所以混合以后的色彩也不是标准的红色、绿色和蓝色。三原色色料的混合有着下列规律：

青色 + 品红色 = 蓝色；
青色 + 黄色 = 绿色；
品红色 + 黄色 = 红色；
品红色 + 黄色 + 青色 = 黑色。

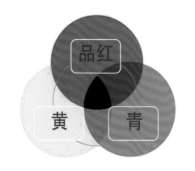

3. 中性混合

中性混合是指既没有提高，也没有降低的色彩混合。中性混合，主要有色盘旋转混合与空间视觉混合。把红、橙、黄、绿、蓝、紫等色料等量地涂在圆盘上，旋转之即呈浅灰色。把品红、黄、青涂上，或者把品红与绿、黄与蓝紫、橙与青等互补上色，只要比例适当，都能呈浅灰色。

在圆形转盘上贴上两种或多种色纸，并使此圆盘快速旋转，即可产生色彩混合的现象，我们称之为旋转混合。

空间混合是指将两种以上颜色，用不同的色相并置在一起，按不同的色相明度与色彩组合成相应的色点面，通过一定的空间距离，在人的视觉内产生的色彩空间幻觉感所达成的混合。

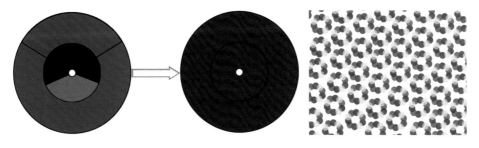

◎2.1.6　色彩与家居设计的关系

色彩是一种诉诸人情感的表达方式，对人的心理和生理都会产生一定的影响。因此空间设计利用人对色彩的感觉，来创造富有个性层次的空间，从而放大空间的异彩。色彩与空间的结合不仅能够给空间带来印象深刻的视觉感受，而且还能创造出温度、远近等视觉感受的空间。

温度感的空间由红色到黄色（红、橙、黄），能够提升空间的温度，给人感觉更为温暖；青、蓝、紫以及黑白灰则会给人清凉爽朗的感觉。

远近感也和冷、暖色系相关联。暖色给人突出、前进的感觉，冷色给人后退、远离的感受。

◎ 2.1.7 常用色彩搭配

较协调的室内色彩搭配推荐：

RGB=135,136,130 CMYK=54,44,46,0
RGB=242,236,226 CMYK=7,8,12,0
RGB=20,15,10 CMYK=85,83,88,73
RGB=113,75,54 CMYK=57,71,81,24
RGB=184,178,133 CMYK=35,28,52,0

RGB=144,149,129 CMYK=51,38,50,0
RGB=236,237,237 CMYK=9,6,7,0
RGB=135,146,148 CMYK=54,39,38,0
RGB=158,139,115 CMYK=46,46,55,0
RGB=182,167,117 CMYK=36,34,58,0

RGB=210,209,204 CMYK=21,16,19,0
RGB=79,51,37 CMYK=64,76,85,45
RGB=229,220,213 CMYK=12,14,15,0
RGB=144,145,140 CMYK=50,41,42,0
RGB=75,82,90 CMYK=77,67,58,16

RGB=141,104,85 CMYK=52,63,67,5
RGB=254,254,254 CMYK=0,0,0,0
RGB=59,48,46 CMYK=74,76,74,48
RGB=159,103,80 CMYK=45,66,70,3
RGB=106,46,46 CMYK=56,87,79,34

RGB=173,114,56 CMYK=40,62,87,1
RGB=242,241,240 CMYK=6,5,6,0
RGB=33,27,29 CMYK=82,81,77,64
RGB=37,160,227 CMYK=73,26,2,0
RGB=184,91,130 CMYK=36,76,31,0

RGB=110,64,40 CMYK=56,76,90,30
RGB=245,243,242 CMYK=5,5,5,0
RGB=50,32,22 CMYK=72,80,88,61
RGB=79,83,110 CMYK=78,71,46,6
RGB=66,97,56 CMYK=78,54,92,18

较冲突的室内色彩搭配推荐：

RGB=49,42,42 CMYK=77,77,74,52
RGB=230,231,227 CMYK=12,8,11,0
RGB=193,19,89 CMYK=31,99,49,0
RGB=214,149,16 CMYK=22,48,96,0
RGB=126,137,142 CMYK=58,43,40,0

RGB=121,87,63 CMYK=57,67,78,17
RGB=239,246,238 CMYK=9,2,9,0
RGB=96,175,170 CMYK=64,17,38,0
RGB=47,6,6 CMYK=70,94,93,68
RGB=197,170,148 CMYK=28,36,41,0

RGB=252,95,24 CMYK=0,76,89,0
RGB=236,230,230 CMYK=9,11,8,0
RGB=57,39,27 CMYK=71,78,87,56
RGB=1,164,0 CMYK=78,13,100,0
RGB=201,95,77 CMYK=27,75,68,0

RGB=159,34,28 CMYK=43,98,100,11
RGB=45,30,16 CMYK=74,80,93,64
RGB=88,45,31 CMYK=59,82,90,44
RGB=153,139,124 CMYK=47,45,50,0
RGB=251,197,167 CMYK=1,31,33,0

RGB=35,78,139 CMYK=91,75,25,0
RGB=235,237,242 CMYK=9,7,4,0
RGB=71,42,34 CMYK=66,80,83,50
RGB=58,82,34 CMYK=79,58,100,30
RGB=152,148,147 CMYK=47,40,38,0

RGB=202,177,159 CMYK=25,33,36,0
RGB=240,239,236 CMYK=7,6,8,0
RGB=211,2,11 CMYK=22,100,100,0
RGB=214,205,0 CMYK=25,16,93,0
RGB=218,88,120 CMYK=18,78,36,0

2.2 室内构图

室内居室设计的构图形式分别是对称式构图、韵律式构图、错位式构图和放射式构图。

◎2.2.1　对称式构图

居室空间设计使用对称式构图手法，能够使空间具有较强的平衡稳定性，让人看起来更具完整统一性，也能形成相互呼应的格局。

◎2.2.2　韵律式构图

韵律式构图能创造出不同条理和连续美的形式，令人产生富有规律的动感，再与自然美结合，可使空间更富有吸引力。

◎2.2.3 错位式构图

错位式构图是按照某种规律进行错位空间设计，错落有序的形式美不仅能够让空间的层次更为丰富，还可以营造出变化万千的有趣空间。

◎2.2.4 放射式构图

放射式构图是以空间某一物体为中心而向四周进行放射，既能使人的视线聚集在中心，又可以起到开阔、舒展空间的作用。

2.3 视觉引导流程

　　室内空间的视觉引导流程，是人的视觉观察到不同元素在空间运行所形成的视觉轨迹。

　　人的视觉流程一般是"由上到下""由左到右"。因此，在室内设计中要掌握好这一点，才能做到对视觉流向的诱导，让空间主体更为明确、主次清晰，令空间感更加一目了然。

特点：

◆ 具有较强的诉求力。

◆ 容易引起人们的关注。

◆ 节奏变化有致。

◆ 能够明确地突出个性特征。

2.4 室内人体工程学

室内人体工程学是以人为中心，运用"以人为本"的设计理念，创造出适合人体活动的空间环境。常用的室内家具尺寸如下。

- ◆ 墙面：踢脚板 8~20cm、墙裙高 80~150cm、挂镜线高 160~180cm。
- ◆ 餐厅家具：餐桌高 75~79cm；餐椅 45~50cm；圆桌直径（两人）50~80cm，四人 90cm，八人 130cm；方桌（四人）135cm×85cm，八人 225cm×85cm。
- ◆ 卧室：标准面积 25 平方米（大），16~18 平方米（中），16 平方米（小）；床高 50~70cm，宽 50~80cm。
- ◆ 卫生间：卫生间面积 $3m^2$~$5m^2$；浴缸长度 152~168cm，宽 72cm，高 45cm；马桶 75cm×35cm；洗脸盆 55cm×41cm；淋浴器高 210cm；化妆台长 135cm，宽 45cm。
- ◆ 灯具：大吊灯（最小高度）240cm、壁灯高 150~180cm、反光灯槽最小直径等于或大于灯管直径两倍、壁灯床头高 120~140cm、照明开关高 100cm。
- ◆ 办公室：办公桌长 120~160cm，宽 50~65cm，高 70~80cm；办公椅高 40~45cm，长 45cm，宽 45cm；沙发宽 60cm×80cm，高 35×40cm，靠背 100cm；茶几前置型高 90cm×40cm×40cm，中心型 90cm×90cm×40cm~70cm×70cm×40cm，左右型 60cm×40cm×40cm；书柜高 180cm，宽 120cm×150cm，45cm×50cm；书架高 180cm，宽 100cm~130cm，深 35cm~45cm。

2.5 环境心理学

环境心理学是研究人与环境之间的相互影响及相互关系的学科。光照、颜色、气味以及气候都与环境息息相关，这些因素也会给人带来不同的影响。因此，适应环境保持人与环境的和谐应为首选的行为。

特点：

◆ 强调主体与环境的相互性。

◆ 强调人怎么受环境影响。

◆ 强调人与环境的统一性。

第**3**章 室内家居设计的基础色

红\橙\黄\绿\青\蓝\紫\黑、白、灰

　　室内家居色彩在家居装饰中占有举足轻重的地位，它可以唤起人们内心深处的情感，又能给人们带来多姿多彩的家居生活。室内家居的基础色主要分为红、橙、黄、绿、青、蓝、紫、黑白灰。

◆ 红色具有热情、喜庆的含义，是最为温暖的色彩，在室内装点一抹红可以增加喜庆气氛。

◆ 橙色是充满活力的颜色，可以营造欢快的气氛，追求时尚的年轻人可以大胆地尝试。

◆ 黄色比较明亮，没有重量感，能够使空间感更为锐利、活跃。

◆ 绿色不似黄颜色那般强烈，却能给人营造出自然清新的感觉。

◆ 青色比较亮丽，很适合年轻人的选择。

◆ 蓝色的色彩比较博大，拥有大海的寓意，给人产生一种理智和纯净的感觉。

◆ 紫色是性感的代表又是神秘的主导，总是能够给人留下深刻的印象。

◆ 黑、白、灰，黑色给人产生深邃感觉；白色则给人纯净淡雅感觉；灰色比较柔和是富有修养的代表。

3.1 红

◎3.1.1 认识红色

红色：红色是一种具有温暖、热情感觉的色彩，如果加之独特的设计一定能营造出亮丽、活泼的美感，容易受到人们的喜爱。

色彩情感：热烈、激情、喜庆、奔放、斗志、危险、革命。

洋红 RGB=207,0,112
CMYK=24,98,29,0

胭脂红 RGB=215,0,64
CMYK=19,100,69,0

玫瑰 RGB=30,28,100
CMYK=11,94,40,0

朱红 RGB=233,71,41
CMYK=9,85,86,0

鲜红 RGB=216,0,15
CMYK=19,100,100,0

山茶红 RGB=220,91,111
CMYK=17,77,43,0

浅玫瑰红 RGB=238,134,154
CMYK=8,60,24,0

火鹤红 RGB=245,178,178
CMYK=4,41,22,0

鲑红 RGB=242,155,135
CMYK=5,51,41,0

壳黄红 RGB=248,198,181
CMYK=3,31,26,0

浅粉红 RGB=252,229,223
CMYK=1,15,11,0

勃艮第酒红 RGB=102,25,45
CMYK=56,98,75,37

威尼斯红 RGB=200,8,21
CMYK=28,100,100,0

宝石红 RGB=200,8,82
CMYK=28,100,54,0

灰玫红 RGB=194,115,127
CMYK=30,65,39,0

优品紫红 RGB=225,152,192
CMYK=14,51,5,0

◎3.1.2 洋红 & 胭脂红

① 本作品是现代时尚的简约风格设计。

② 洋红色的设计灵感凸显出活泼、灵动的少女情怀，摆脱了深色沉重的忧郁感。

③ 嫩绿色与洋红色的搭配不显俗气，反而更加生动。

① 本作品为简约风格的欧美空间设计。

② 地板、柜子采用米黄色基调，与棕色的椅子相融合，彰显活力。最为突出的胭脂红色墙体，突出主人对生活的热爱。

◎3.1.3 玫瑰红 & 朱红

① 本作品是简约时尚的现代风格设计。

② 玫瑰红是一种浪漫的色彩，真实又有些不切实际，成就小女孩童真的公主梦。

③ 卧室空间中以不同色相的红色搭配，显得更为柔和。

① 本作品为简约风格的客厅设计，大量使用"线"结构突出简约风格特点。

② 造型一致，颜色不同（朱红色和深灰色）的两组沙发，简洁又大气。

③ 作品整体采用黑白灰颜色设计，别出心裁地选用朱红色元素，打造出不一样的视觉效果。

◎3.1.4　鲜红 & 山茶红

❶ 本作品在较小的室内空间采用大量的暖色调颜色与冷色调相搭配，使空间整体产生较为强烈的对比，鲜艳的红色的装饰具有膨胀感觉，让空间看起来丰富、温馨。

❷ 炽热的鲜红色，承载着热情温暖，活泼的气息。

❸ 由室内鲜明的颜色和众多的玩具，可以看出主人想给孩子一个温暖、活泼的童话世界。

❶ 本作品是儿童卧室设计。

❷ 针对两个孩子的居住空间，作品采用了对称式设计。

❸ 一眼望见的山茶红颜色，如梦如幻。墙体童真的装饰画，淡雅的床品，无一不体现小主人公的高贵可爱气质。

◎3.1.5　浅玫瑰红 & 火鹤红

❶ 本作品是一间温馨简约的会议室设计。

❷ 浅玫瑰红的直线设计简单大方，为空间营造出活跃氛围。这是设计师普遍采用的设计理念。

❸ 空间中颜色应用比较独特，凸显了公司的企业文化。

❶ 本作品是女孩卧室的设计。淡淡火鹤红，可爱的玩具，无处不显示卧室主人活泼可爱的公主情怀。

❷ 淡淡的色调，像甜甜的棉花糖，温暖自然的感觉。

❸ 在浅浅的颜色里搭配几种深颜色形成的层次感，减少单调。

◎3.1.6 硅红 & 壳黄红

❶ 本作品是厨房的设计,采用 "一" 字型的特点来点缀空间。

❷ 淡雅的硅红色橱柜,风格时尚,加上深色地板,稳重又清新。

❶ 浴室空间设计采用简约的英式设计理念,让整个空间更为大气。

❷ 壳黄红色,呼应了整体空间的主体线条展现出一种平静的韵味。

❸ 方形和圆形图案元素的添加,使空间的表现力更强,丰富了空间的视觉效果,使其更加美观。

◎3.1.7 浅粉红 & 勃艮第酒红

❶ 本作品是现代简约风格儿童房间,具有精简极致、时尚明快的特点。

❷ 由卧室浅粉色的甜蜜温馨感觉可以看出,这是两个女孩子的房间。

❸ 室内采用完全对称式设计,以中间的置物架为分割,空间视觉感受更舒适,空间划分更独立。

❶ 卧室采用简欧式风格设计。

❷ 明丽光泽的勃艮第酒红色缓缓流淌,渲染抱枕及灯具深邃沉稳的妖娆韵味。

❸ 金色壁纸的墙壁在灯光的照耀下,让空间产生金碧辉煌的华丽。

◎3.1.8　威尼斯红 & 宝石红

❶ 本作品是简约时尚风格的书店设计。

❷ 威尼斯红色的框架、座椅，能带给消费者高端大气的享受。

❸ 宽大的玻璃门采光性好，室内红色的构建透过玻璃可以成功地吸引消费者的眼球。

❶ 卧室采用明亮精致的现代设计理念，大胆时尚。

❷ 以白色为主色调，运用饱和度高的宝石红、绿色、青色和紫色做点缀，丰富了空间色彩。

❸ 花瓶的摆设，美化空间，使室内各种摆设融为一体。

◎3.1.9　灰玫红 & 优品紫红

❶ 室内舒适大气，采用简约时尚手法来表现。

❷ 书桌优美的线条，简约的设计，外加灰玫红色的搭配，具有浓重的神秘感。

❶ 空间采用罗曼蒂克风格，具有轻盈，细腻的特点。

❷ 浪漫优品紫红作为天花来点缀空间，艺术风味十足，营造出温馨甜蜜的快乐空间。

❸ 数盏灯犹如繁星般耀眼，成为餐厅最大亮点。

3.2 橙

◎ 3.2.1 认识橙色

橙色：橙色是欢快活泼的色彩，运用在室内设计中总能给人一种明亮活泼的感觉。

色彩情感：温暖、明亮、华丽、健康、兴奋、欢乐、辉煌。

橘色 RGB=235,97,3 CMYK=9,75,98,0	柿子橙 RGB=237,108,61 CMYK=7,71,75,0	橙色 RGB=235,85,32 CMYK=8,80,90,0	阳橙 RGB=242,141,0 CMYK=6,56,94,0
橘红 RGB=238,114,0 CMYK=7,68,97,0	热带橙 RGB=242,142,56 CMYK=6,56,80,0	橙黄 RGB=255,165,1 CMYK=0,46,91,0	杏黄 RGB=229,169,107 CMYK=14,41,60,0
米色 RGB=228,204,169 CMYK=14,23,36,0	驼色 RGB=181,133,84 CMYK=37,53,71,0	琥珀色 RGB=203,106,37 CMYK=26,69,93,0	咖啡 RGB=106,75,32 CMYK=59,69,98,28
蜂蜜色 RGB= 250,194,112 CMYK=4,31,60,0	沙棕色 RGB=244,164,96 CMYK=5,46,64,0	巧克力色 RGB= 85,37,0 CMYK=60,84,100,49	重褐色 RGB= 139,69,19 CMYK=49,79,100,18

◎3.2.2 橘红 & 橘色

❶ 空间设计采用现代前卫的风格。

❷ 室内大面积白色运用过滤了华丽和做作，
开放式黑白灰的空间，橘红色的采用起到
画龙点睛的作用，丰富了整体层次感。

❸ 长方形的沙发与桌子，延伸了空间视觉感。
黑白色彩的烘托，完美地展现出室内温馨
的气氛。

❶ 温暖的橘色，辉煌明亮，光彩夺目。

❷ 空间色彩饱和度高，阳光暖意，使视觉
开阔。

❸ 橘色的桌子搭配黄色的椅子，凸显高贵、
时尚的主流。

◎3.2.3 橙色 & 阳橙

❶ 本作品是现代前卫风格。

❷ 充满活力的橙色给人健康的感觉，而且橙
色可以提高食欲哦！

❸ 巧妙的布局里加入白色和黑色，显得稳重
又活泼，又将多个区域充分利用，既合理
又给空间增加趣味。

❶ 阳橙色的灯光，让气氛暖意洋洋。

❷ 水晶吊灯与实木弧形的空间设计尽显古风
的韵味，高贵亦有暖意。

❸ 阳橙颜色的艺术气息使整个空间散发着浓
浓温情，令人心情愉悦。

◎3.2.4 蜜橙 & 杏黄

① 本作品是现代简约风格的餐厅设计。
② 餐厅中的吊灯与蜜橙色的椅子相搭配，让餐厅时尚感十足。
③ 灰色为主色调，用安静的蜜橙色来点缀，大胆的创意营造出清新、文艺的时尚风格。

① 餐厅运用现代时尚风格设计。
② 素雅的杏黄色装饰给人一种温润自然气息，空间丰富得当，时尚新颖不陈腐。
③ 由一点发散而出的天花，设计得井井有条，使空间更具层次感和时尚感。

◎3.2.5 沙棕 & 米色

① 空间设计采用巴洛克样式风格。
② 沙棕色简单沉稳的格局，映现出高雅尊贵气度。
③ 几何形的室内构建，搭配上微弱灯光的笼罩，尽情展现空间个性魅力。

① 现代简约风格的卧室设计。
② 空间大面积的米色基调，流畅简洁的线条，给人清新无瑕明亮清澈之感。
③ 整体的米色基调尽显室内整洁净透，椰褐色的床柜显得稳重大气。

◉3.2.6 灰土 & 驼色

① 本作品采用现代风格与古典风格相结合的设计方式。

② 灰土色的橱柜与实木桌相呼应，简单中透露着大气，闲淡中体现着冷静。

③ 墙面，加上桌椅的混搭是设计者以现代流行混搭的方式塑造的独特空间。

① 本作品风格为欧式古典艺术风格。

② 驼色高大雄伟的支柱，俨然呈现一幅威严气派的画面。

③ 空间中柱子的线条粗犷有力，浑然天成，流露出贵族情怀神韵，诉尽那遥远的西欧情怀。

◉3.2.7 椰褐 & 褐色

① 室内格局采用现代与古典相结合风格作为主导。

② 墙体、吧台、餐桌、楼梯都采用实木，典雅尊贵，独特又沉稳，满足了成功人士对它的期待。

③ 形状各异的吊灯装饰，既美观又风趣。

① 现代简约风格与古典风格的结合。

② 玄关门雕刻精美，完美划分出两种不同的风格。

③ 整体设计创新又新颖，合理的空间布局，给人以闲适之感。

◎3.2.8　柿子橙 & 酱橙色

① 长方形的休息椅，简单不奢华，工作疲惫了一天，入门有种归属感。

② 柿子橙色的格局已和现代化元素融合在一起。实木线条设计彰显大气。

③ 简单新颖的设计加之壁画的营造，打造出温馨时尚的空间氛围。

① 本作品是采用后现代风格设计的餐厅。

② 柜台式的座椅给消费者带来了方便，暖色的基调与深色的地板交相辉映，温馨又舒适。

③ 酱橙色和深色的融合给餐厅带来了强大的排场，给人既前卫又不受约束的感觉。

◎3.2.9　赭石 & 肤色

① 本作品是现代简约风格的室内设计。

② 室内采用流畅的线条来分割空间，别有一番风味。

③ 淡淡的赭石为整体色调，即使没有其他的颜色来点缀，也能装饰出自己独一无二的特色。

① 现代时尚的肤色的设计最具亲和力，使人容易接受。

② 创新别致的层叠式设计，带来了新颖、优雅之感。

③ 木质自然色彩的应用，使视线空间温润舒适，显得格局精致，富有文化品位。

3.3　黄

◎3.3.1　认识黄色

黄色：黄色在古代是高贵的颜色，它是由红、绿色光混合产生的色彩。黄色的室内设计给人轻快、希望，充满活力的感觉。

色彩情感：辉煌、轻快、透明、希望、活力、冷淡、高傲、敏感。

黄 RGB=255,255,0 CMYK=10,0,83,0	铬黄 RGB=253,208,0 CMYK=6,23,89,0	金 RGB=255,215,0 CMYK=5,19,88,0	香蕉黄 RGB=255,235,85 CMYK=6,8,72,0
鲜黄 RGB=255,234,0 CMYK=7,7,87,0	月光黄 RGB=155,244,99 CMYK=7,2,68,0	柠檬黄 RGB=240,255,0 CMYK=17,0,84,0	万寿菊黄 RGB=247,171,0 CMYK=5,42,92,0
香槟黄 RGB=255,248,177 CMYK=4,3,40,0	奶黄 RGB=255,234,180 CMYK=2,11,35,0	土著黄 RGB=186,168,52 CMYK=36,33,89,0	黄褐 RGB=196,143,0 CMYK=31,48,100,0
卡其黄 RGB=176,136,39 CMYK=40,50,96,0	含羞草黄 RGB=237,212,67 CMYK=14,18,79,0	芥末黄 RGB=214,197,96 CMYK=23,22,70,0	灰菊色 RGB=227,220,161 CMYK=16,12,44,0

◎3.3.2 黄 & 铬黄

❶ 本作品是简约的儿童房设计。

❷ 高饱和度的黄色搭配低饱和度蓝色及绿色，可以让作品更稳重。

❸ 黄色是一种鲜艳明亮的颜色，不论是在何时何地都能充分地吸引人们的注意，使其产生欢快、享受、愉悦之感。

❶ 本作品是简约风格的餐厅设计，简约的餐桌及凳子设计让空间简约而不简单。

❷ 铬黄色的餐桌为平淡的餐厅增添了太阳般的光辉，而且该颜色可以增强食欲。

◎3.3.3 金 & 香蕉黄

❶ 空间以前卫的现代风格为主。

❷ 金色优美的线条，艺术气息的几何设计，让沉闷的图书馆彰显生机。

❸ 进入一个舒缓优雅的书店，是陶冶心情的最佳地方。

❶ 现代简约的厨房设计。

❷ 香蕉黄与绿色相配，彰显朝气与活力。

❸ 香蕉黄颜色醒目又不刺眼，与绿色的框条相搭配，通过两种颜色的结合使色彩更加丰富、空间更加饱满。

◎3.3.4　鲜黄 & 月光黄

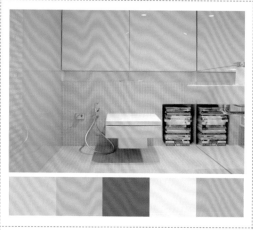

❶ 浴室采用时尚而前卫的简约风格设计。

❷ 墙面、地面统一采用鲜黄色，其营造的空间氛围，令人心情明快，搭配白色，凸显舒适、干净的感觉。同时也中和了鲜艳的颜色，使整体不至于太过扎眼。

❶ 室内采用欧美乡村风情设计。

❷ 阳光的普照，使月光黄的空间一览无余。

❸ 大面积的玻璃设置能够使室外的光线照射进室内，也能够让室外的来往行人清楚地看见室内的装饰，一举两得。

◎3.3.5　柠檬黄 & 万寿菊黄

❶ 本作品为时尚简约风格的卧室设计。

❷ 柠檬黄与蓝色的空间相配，营造温馨时尚的环境。

❸ 柠檬色散发着水果的甜润，显得清新美丽，更加诱人。

❶ 本作品是简约风格的办公室设计。

❷ 大胆的万寿菊黄色桌椅，打破办公场所以往的单调，圆形的吊灯设计，寓意圆满。

❸ 橄榄色的地毯，白色的纱帘，清新浪漫、积极向上，中和了万寿菊的鲜艳，使空间更加温馨、舒适。

◎3.3.6　香槟黄 & 奶黄

❶ 本作品为现代简约风格的前台设计。

❷ 淡雅的香槟黄天花，实木木质的前台，显现出空间的秀丽温和。

❸ 前台空间整体协调、相得益彰、简单时尚。

❶ 本作品为现代简约时尚的客厅设计。

❷ 内嵌的装饰格、柱子、椅子等独特设计，无处不体现居住者的时尚气息。

❸ 活泼的奶黄与白色的交错，显得通透明亮。绿色盆栽也给室内增添了几许生机。

◎3.3.7　土著黄 & 黄褐

❶ 现代简约的空间设计，采用土著黄装饰空间，使居住者产生兴奋感。

❷ 单面的墙的出彩，赢得室内装修的好感，床品的颜色也和空间氛围相称。

❸ 墨蓝色的点缀让室内色调更加饱和丰满。

❶ 简单明了的空间运用了黄褐色，隐现一丝可爱、沉稳的柔情。

❷ 细节空间的局部改造，将你的梦想注入生活。

❸ 充满活力的黄色，装修孩子卧室是非常棒的选择，是给孩子最温暖的礼物。

◎3.3.8　卡其黄 & 含羞草黄

❶ 本作品为美式风格的卧室设计。

❷ 卡其黄的温暖，可以给秋冬的空间带来丝丝暖意，简单的点缀化解了单调的视觉感官。

❸ 卧室采用大面积窗户设计，使室内拥有良好的采光功能。

❶ 本作品为现代简约的空间设计。

❷ 淡雅文静的含羞草黄色的沙发，拉伸空间，给人淡雅文静舒适感。

❸ 文静的白色墙体，沉稳的黑色，与黄色遥相呼应，奠定了室内基本装修风格和节奏。

◎3.3.9　芥末黄 & 灰菊色

❶ 本作品是简约前卫风格的办公室设计。

❷ 线条明朗的金属结构是简约风格的代表元素。

❸ 充满活力的芥末黄的阁楼，与室内的融合，显得既高调又自然。

❹ 乐观积极的芥末黄，有助于保持人心情愉快，很适合办公室的基调。

❶ 本作品是现代简约风格的儿童卧室设计。

❷ 卧室床、百叶窗、地毯，大面积使用灰菊色，温煦，暖意洋洋。

❸ 美轮美奂的空间设计，素净雅致，很适合孩子居住。

3.4 绿

◎3.4.1 认识绿色

绿色：绿色是植物的颜色，象征着生命。代表着希望和清新，运用到室内中能够起到保护视力、缓解压力的作用。

色彩情感：生命、宁静、清新、希望、舒适、安全、自然、生机、青春。

黄绿 RGB=216,230,0
CMYK=25,0,90,0

苹果绿 RGB=158,189,25
CMYK=47,14,98,0

墨绿 RGB=0,64,0
CMYK=90,61,100,44

叶绿 RGB=135,162,86
CMYK=55,28,78,0

草绿 RGB=170,196,104
CMYK=42,13,70,0

苔藓绿 RGB=136,134,55
CMYK=46,45,93,1

芥末绿 RGB=183,186,107
CMYK=36,22,66,0

橄榄绿 RGB=98,90,5
CMYK=66,60,100,22

枯叶绿 RGB=174,186,127
CMYK=39,21,57,0

碧绿 RGB=21,174,105
CMYK=75,8,75,0

绿松石绿 RGB=66,171,145
CMYK=71,15,52,0

青瓷绿 RGB=123,185,155
CMYK=56,13,47,0

孔雀石绿 RGB=0,142,87
CMYK=82,29,82,0

铬绿 RGB=0,101,80
CMYK=89,51,77,13

孔雀绿 RGB=0,128,119
CMYK=85,40,58,1

钴绿 RGB=106,189,120
CMYK=62,6,66,0

◎3.4.2 黄绿 & 苹果绿

① 合理的空间设计，把小小的洗手间展现得
干净、整洁。

② 黄绿是春天最好的色彩诠释，具有一股沁
人心脾的自然香气。

③ 小小的洗漱空间，充满春的诗意，令人心
旷神怡。

① 现代简约前卫风格的洗手间设计。

② 苹果绿的墙壁通过光束的照射深浅不一，
具有强烈的透气感，与金属的银灰色搭配
在一起，凸显出空间率性、炫富的风格。

③ 苹果色与生硬的金属的融合，符合年轻的
时尚审美，大大提升了使用者对空间的好
感度。

◎3.4.3 嫩绿 & 叶绿

① 现代简约时尚的展柜设计。

② 以嫩绿色为主色调的展柜设计，彰显出空
间整体青春时尚的氛围，让消费者身心
舒畅。

③ 将商品散布分开展示，有助于消费者更加
清晰具体地了解商品的细节，不会出现眼
花缭乱的视觉效果。

① 典雅的室内采用叶绿色的墙面、亚麻材质
的地毯来营造清新严谨的环境。

② 沐浴在阳光中的田园风格，格外典雅清新。

③ 忙乱生活中多一份轻松，从家的细节中寻
找浪漫与休闲。

◎3.4.4　草绿 & 苔藓绿

① 餐厅大面积采用草绿色，显得生机盎然，给人庭园般的气息。

② 草绿色对整体的营造，完美地体现出餐厅的绿色化与健康化。

③ 卡通的绿色图案与空间相结合，与背景颜色相统一的同时也营造出活泼、自然的氛围。

① 苔藓绿颜色在室内也能营造出清新自然的田园风光。

② 低调不甚张扬的奢华空间，造型优雅的装饰，艺术气息的天花，处处给人以圆满、充实的感觉。

③ 弧形的电视屏幕与几何形的融合，令宽敞的室内更加气度非凡。

◎3.4.5　芥末绿 & 橄榄绿

① 本作品采用古罗马风格卧室设计，具有豪华壮丽的特点。

② 卧室芥末绿的复古花纹壁纸和精美的雕刻的融合，使其具有强烈的透视感和雕塑感。

③ 水晶吊灯的点缀，描绘出一种温馨暖意的情境。

① 橄榄绿颜色的灵活运用，在虚虚实实中显得丰富又神秘。

② 被赋予了阅读、休闲的用途，卫浴间不再单纯简单。

③ 卫浴的主色调与地面色彩相呼应，使卫浴协调、舒逸。

◎3.4.6 枯叶绿 & 碧绿

① 室内布局丰富而不杂乱，色彩清新，墙体凸起的储物格设计创新独特，完美展现了自然本态。

② 枯叶绿的主体色设计，使空间显得温馨幸福。

③ 方格式的地毯，也为室内增添了一丝趣味。

① 空间整体色调饱和度很低，而在这种空间中的一抹碧绿色让人眼前一亮，舒适而清新，起到了缓解视觉疲劳的效果。

② 开放式的餐厅，美感与实用兼备。

③ 一束鲜花的装饰，尽显无尽的清雅风采。

◎3.4.7 绿松石绿 & 青瓷绿

① 现代简约的浴室设计风格，清新、舒爽。

② 绿松石绿色马赛克墙面展现出的优美，给人清新秀丽的视觉效果。

③ 淡雅的白色流线切割，像汩汩流出的牛奶，细腻柔和。

① 本作品是美式乡村风格的卧室设计。

② 卧室青瓷绿色萦绕，淡雅迷人，舒适、惬意。

③ 台灯、壁画的对称空间设计，给人整洁如一的美感。

◎3.4.8 孔雀石绿 & 铬绿

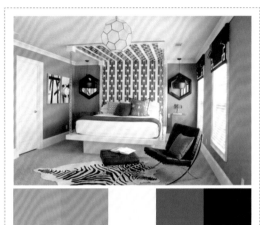

① 运用孔雀石绿色简约地打造室内墙体，使卧室清新悠然，又能稳定情绪。

② 吊灯的设计灵感来自足球，跳跃活泼，夜晚灯光照射又增添了暖意。

③ 菱形的镜子，黑色的拉帘，黑白虎皮的地毯，将你带进奇幻的魔法世界。

① 铬绿色的沙发坐落在窗前，好像尊贵的公主，耀眼、优雅。是整体空间设计的点睛之笔。

② 室内由白色填充，纯洁得犹如皑皑白雪让人怜惜，不忍踩踏。

③ 壁画与吊灯的协调，没有削弱时尚气息，反之添加了一些神秘的韵味。

◎3.4.9 孔雀绿 & 钴绿

① 孔雀绿色鲜明艳丽，与纯洁的白色相搭配，呈现出清澈干净的景象。

② 白色几何体的洗手池、格架，合理的线条，让以往单调的卫生间变得丰富饱满。

③ 透过方形的镜子，完美地体现出壁灯优美的姿态。

① 室内采用钴绿色墙漆作为主色调，淡淡的绿色为室内带来生机，高挑窗户带来丰沛的阳光。

② 钴绿色的碎花被再由墨蓝色的床旗、抱枕相伴，显然更加高贵华丽。

③ 坐在舒适的椅子上欣赏窗外的春色，真是怡然自得。

3.5 青

青色：青色是中国特有的颜色。运用青色装饰的空间，清脆而不张扬、伶俐而不圆滑、清爽而不单调。

色彩情感：庄重、坚强、希望、古朴。

青 RGB=0,255,255
CMYK=55,0,18,0

铁青 RGB=82,64,105
CMYK=89,83,44,8

深青 RGB=0,78,120
CMYK=96,74,40,3

天青色 RGB=135,196,237
CMYK=50,13,3,0

群青 RGB=0,61,153
CMYK=99,84,10,0

石青色 RGB=0,121,186
CMYK=84,48,11,0

青绿色 RGB=0,255,192
CMYK=58,0,44,0

青蓝色 RGB=40,131,176
CMYK=80,42,22,0

瓷青 RGB=175,224,224
CMYK=37,1,17,0

淡青色 RGB=225,255,255
CMYK=14,0,5,0

白青色 RGB=228,244,245
CMYK=14,1,6,0

青灰色 RGB=116,149,166
CMYK=61,36,30,0

水青色 RGB=88,195,224
CMYK=62,7,15,0

藏青 RGB=0,25,84
CMYK=100,100,59,22

清漾青 RGB=55,105,86
CMYK=81,52,72,10

浅葱色 RGB=210,239,232
CMYK=22,0,13,0

◎3.5.2　青 & 铁青

❶ 明亮精致的卧室，采用醒目的青色，轻盈通透，整个卧室都传递出活力时尚的幸福情绪。

❷ 两盏对称的挑灯，犹如绽放的莲花，"出淤泥而不染"。

❸ 白色绒毛的地毯敷设在色调浓郁的地板上，凸显它的清新优雅。

❶ 卧室采用铁青色来表现，现代简约风格的设计。

❷ 精湛小巧的壁灯，摇曳着翅膀，犹如两只跳跃的精灵。

❸ 白布半掩精致的床单与颇具艺术感的床边椅，使格调不仅限于拉丝铁青色的高贵，还陡增神秘感。

◎3.5.3　深青 & 天青色

❶ 独领一面的深青，三面古典风格的遮板，一缕阳光照射，鸟语花香，恍如在林间漫步。

❷ 青色瓷瓶的台灯，实木的圆桌，可见主人对古典文化的热爱。

❸ 右侧正方体的台灯与白色条纹的抱枕又给古典韵味中添加了一些时尚风气。

❶ 本作品采用英式田园风格的永恒特点，来主导卧室设计。

❷ 天青色华美的碎花床围帘，在室内环境中给人带来悠然、舒畅的自然风。

❸ 室内空间设计营造出简朴、高雅的氛围。

◉3.5.4 群青 & 石青色

① 整体采用的群青编织室内，宛如遨游在浩瀚的宇宙中。

② 一只艳丽的吊灯，犹如炽热的火球，又仿佛是跳动的精灵，灵动、跳跃。

③ 彩虹色的地毯承载着两张虎皮花纹的座椅，时尚又艳丽。

① 单调的石青色，通过草绿色的点缀格外显得有生机活力。

② 铁架式的床体，简单时尚，绿色的枕头，彰显品位之初的原生态。

③ 简单有讲究的设计，奠定现代简约风格的基调，彰显主人的雅致情趣。

◉3.5.5 青绿色 & 青蓝色

① 本作品是简约的美式卧室设计。

② 青绿色好像薄纱一样轻柔，让人享受自由自在的生活。

③ 两张床与壁画的和谐相处，感受到的是那份恬静、奥妙与大自然的梦幻。

① 青蓝色风格最大的魅力，来自其纯美的色彩组合，将色彩灿烂的一面展现得淋漓尽致。

② 白灰色与青蓝色的抱枕搭配的床品，简约、时尚且酷感十足。

③ 地中海风格的碧蓝色梦幻世界，古老的家具，有走进大自然的舒畅感。

◎3.5.6　瓷青 & 淡青色

❶ 本作品为简约的地中海风格卧室设计。

❷ 瓷青色淡雅简单不事张扬的空间设计，很适合卧室风格。

❸ 吊灯与格子状天花错落有致，给卧床的人一种轻快的感觉。

❶ 彩色运用方面主要以淡青色的小清新为主。

❷ 接地气的田园风格，采用实木与原生态的石头做装饰，创造出自然简朴的风格。

❸ 别具一格的椅子，又不失现代的时尚，整体给人身心轻松的魔力。

◎3.5.7　白青色 & 青灰色

❶ 整体就餐区域以实木的褐色为主，多少显得有些凝重，白青色墙体的围绕打破了沉闷，凸显活力视觉感。

❷ 归于自然的模板，逼真的木纹"入木三分"，令人印象深刻。

❸ 简单清新的色调，搭配自然清新的纹理，空间自然气息显出神入化。

❶ 青灰色的墙面与原木色的地板相呼应，淡雅低调，不经意却早已让你温暖满怀。

❷ 以机能为主，以创意为辅的设计，创造出人文美学与环境平衡的生活乐趣。

❸ 一瓶清新的花束，使整个屋子充满生机，起到画龙点睛的作用。

◎3.5.8 水青色 & 藏青

❶ 水青色与白色相搭配，让人视觉感到十分舒服，可冲淡因快节奏生活带来的疲惫感。

❷ 这是地中海风格的灵魂，浪漫的意境犹如清晨第一缕阳光滋润心房。

❸ 圆环吊灯，是设计师别出心裁惟妙惟肖的手法，属点睛之笔。

❶ 在藏青色的室内氛围里能体会到尊贵、典雅。

❷ 高挑的窗户与悬挂的水晶灯成为亮点。阳光充足，灯光耀眼夺目。

❸ 将大面积的藏青色与黄色搭配在一起，中和了过度的沉稳，活跃空间气氛。

◎3.5.9 青漾青 & 浅葱色

❶ 青漾青打造出的空间令人产生西欧贵族感觉。

❷ 炉壁四周石质镶嵌，再加上编织椅的陪衬，恍如进入了原始森林。

❸ 门廊前的摇椅，外面的海景，无一不是休闲时的好风景。

❶ "柳暗花明又一村"，淡淡浅葱色，一股青草的芳香，使疲劳的一天获得释放。

❷ 墨绿色的桌子，一瓶盆栽，最招时尚人士的喜欢，温馨浪漫，沉浸在其中不能自拔。

❸ 沙发与床头书架的点缀，允分利用空间，使格局不再单调乏味，更是迎合了屋内文艺范儿的心理。

3.6 蓝

◎3.6.1 认识蓝色

蓝色：蓝色是最冷的色彩。空间采用蓝色，会使室内纯净沉稳，具有准确理智的意象。

色彩情感：理智、勇气、冷静、文静、美丽、安逸、洁净。

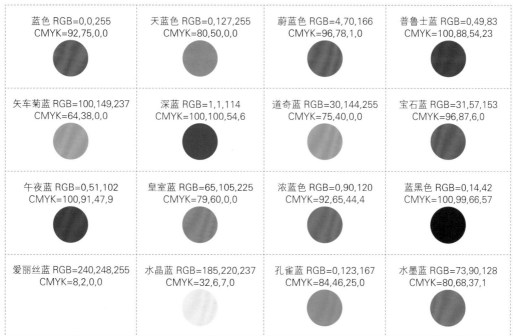

蓝色 RGB=0,0,255 CMYK=92,75,0,0	天蓝色 RGB=0,127,255 CMYK=80,50,0,0	蔚蓝色 RGB=4,70,166 CMYK=96,78,1,0	普鲁士蓝 RGB=0,49,83 CMYK=100,88,54,23
矢车菊蓝 RGB=100,149,237 CMYK=64,38,0,0	深蓝 RGB=1,1,114 CMYK=100,100,54,6	道奇蓝 RGB=30,144,255 CMYK=75,40,0,0	宝石蓝 RGB=31,57,153 CMYK=96,87,6,0
午夜蓝 RGB=0,51,102 CMYK=100,91,47,9	皇室蓝 RGB=65,105,225 CMYK=79,60,0,0	浓蓝色 RGB=0,90,120 CMYK=92,65,44,4	蓝黑色 RGB=0,14,42 CMYK=100,99,66,57
爱丽丝蓝 RGB=240,248,255 CMYK=8,2,0,0	水晶蓝 RGB=185,220,237 CMYK=32,6,7,0	孔雀蓝 RGB=0,123,167 CMYK=84,46,25,0	水墨蓝 RGB=73,90,128 CMYK=80,68,37,1

◎3.6.2 蓝色 & 天蓝色

① 蓝色是一种神秘的、极具穿透力的颜色，以蓝色的主色调来装饰室内，拥有刺破长空的震撼。

② 在闪耀着璀璨的蓝色海洋里，无论是家具还是饰品都会流光溢彩，具有醒目的效果。

③ 实木的家居搭配多彩缤纷的地毯，使空间的艺术气息更加强烈，鲜亮的抱枕颜色与地毯相呼应，达到了和谐统一的效果。

① 在紧张忙乱的工作之余放纵自己的思绪，想象天蓝色的海洋、沙滩，连空气中都飘浮着悠闲的味道。

② 浴室与室内的一体化，实用方便又便捷。

③ 独特的装饰品，既不俗气，又凸显独特艺术风格。

◎3.6.3 蔚蓝色 & 普鲁士蓝

① 宽阔高挑的客厅，凸显出建筑结构的现代感。

② 以蔚蓝色为主题打造功能性与吸引力为一体的现代顶级公寓。

③ 客厅的悬空是全新的立体空间，与复式跳跃层相呼应，增添一分意味。

① 普鲁士蓝色操纵着不规则墙体，仿佛在驯服一个调皮捣蛋的孩子。

② 坐落一角的蓝黑色沙发，没有奢华的外表，却通过红色的线条展示出浓浓的设计韵味。

③ 圆柱形的小座椅为深沉的房间添一抹亮色。

◎3.6.4 矢车菊蓝＆深蓝

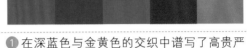

❶ 矢车菊蓝色打造浪漫与清爽，融入了多种元素，避免了单调、乏味的视觉效果。

❷ 室内整个空间布局划分，分散而不凌乱，慵懒而舒适。

❸ 年轮地毯，成为室内独特的亮点，彰显艺术气质。

❶ 在深蓝色与金黄色的交织中谱写了高贵严肃的气质。

❷ 对称的壁灯和桌椅透露出严谨的美，壁画和窗帘在两旁有序地展开，使规整的感觉更加强烈。

❸ 硕大的水晶吊灯分外耀眼，使室内呈现华贵气息。

◎3.6.5 道奇蓝＆宝石蓝

❶ 道奇蓝色的划分，让空间感觉像一个八边形的立体盒子，趣味十足。

❷ 在紧张忙乱的工作之余放纵自己的思绪，想象海洋、沙滩，连空气中都飘浮着悠闲的味道。

❸ 简单的划分，宽大的门面，阳光映照使空间感更强烈。

❶ 整间屋子包围在宝石蓝色里，给人一种深海静谧的感觉。

❷ 家具少而精致，沙发低矮风趣，是孩子们的游乐场。

❸ 两盏低悬错落的吊灯，像两只活泼的水母，是整个屋子的点睛之笔。

◎3.6.6　午夜蓝 & 皇室蓝

❶ 本作品为后现代简约风格的空间设计。

❷ 午夜蓝色的魅力，融合在杂而不乱的空间里，美观、别致。

❸ 高挑的落地窗、纤长的沙发、椭圆的茶几，给室内增添了时尚尊贵的味道。

❶ 本作品为地中海风格的客厅设计。

❷ 皇室蓝颜色在空间的运用，显现出时尚、浪漫，异域风情的情调。

❸ 深浅有序的色调处理，均衡的对称，给以稳固踏实的感觉，是一种和谐的美。

◎3.6.7　浓蓝色 & 蓝黑色

❶ 带有花纹的浓蓝色壁纸包裹着支柱，显现出高贵、典雅的气质。

❷ 礼帽式吊灯的呈现，为空间堆积出一种柔美的意境。

❸ 形状各异的沙发的铺垫，渗透着淳朴与时尚的张力。

❶ 白色的设计理念，以蓝黑色做"点睛"之笔。

❷ 皎洁如月的画面，蓝色的沙发抢夺人的眼球，给空间一丝沉稳，又不减少明亮。

❸ 不同造型的椅子，正是年轻人追求时尚的设计理念。

◎3.6.8 爱丽丝蓝 & 水晶蓝

① 渐变色的台灯，白玫瑰的相伴，芳香四溢，如诗般的淡雅。

② 曙光东升，穿透纱幔，照耀在床前显得淡雅多姿，更增添了室内的幽静。

③ 在原木色的床上休息，显得非常温馨惬意。

① 纵横交错的天花，蔓延着水晶蓝色的墙壁，演奏出清新自然气息。

② 电视屏幕两侧的空间，便捷饰品的摆放，也构成一种独特的装饰。

③ 棕色的地毯耐脏、舒适，实用而时尚。

◎3.6.9 孔雀蓝 & 水墨蓝

① 墙体将孔雀蓝与白色交织在一起，与窗外春天的景色相互贯通融合，给人们带来清新凉爽的视觉体验。

② 把餐厅厨房打开，并且与客厅连接在一起让整个空间视野宽阔，让室内空间有了无限延伸。

③ 室内一角打造一个娱乐平台，还可以偶尔玩耍一下，放松心情。

① 卧室采用深浅两色来搭配，白色的地毯、天花交相辉映，水墨蓝的墙围，使整个卧室高端大气。

② 华丽的吊灯点缀空间的水晶透亮，良好的采光区域，两把舒适的椅子，向外看去美丽的风景尽收眼底。

③ 绿色盆栽显露出生机盎然的景象。

3.7　紫

◎3.7.1　认识紫色

紫色：紫色是由暖色系的红与冷色系的蓝化合而成。紫色运用在室内设计中，尽显高贵神秘的色彩，让人不能忘记。

色彩情感：高贵、优雅、幸福、神秘、魅力、权威。

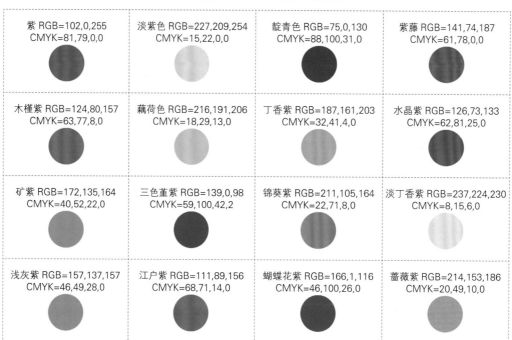

紫 RGB=102,0,255 CMYK=81,79,0,0	淡紫色 RGB=227,209,254 CMYK=15,22,0,0	靛青色 RGB=75,0,130 CMYK=88,100,31,0	紫藤 RGB=141,74,187 CMYK=61,78,0,0
木槿紫 RGB=124,80,157 CMYK=63,77,8,0	藕荷色 RGB=216,191,206 CMYK=18,29,13,0	丁香紫 RGB=187,161,203 CMYK=32,41,4,0	水晶紫 RGB=126,73,133 CMYK=62,81,25,0
矿紫 RGB=172,135,164 CMYK=40,52,22,0	三色堇紫 RGB=139,0,98 CMYK=59,100,42,2	锦葵紫 RGB=211,105,164 CMYK=22,71,8,0	淡丁香紫 RGB=237,224,230 CMYK=8,15,6,0
浅灰紫 RGB=157,137,157 CMYK=46,49,28,0	江户紫 RGB=111,89,156 CMYK=68,71,14,0	蝴蝶花紫 RGB=166,1,116 CMYK=46,100,26,0	蔷薇紫 RGB=214,153,186 CMYK=20,49,10,0

◎3.7.2 紫＆淡紫色

❶ 空间采用浪漫的巴洛克风格。

❷ 高贵优雅的紫色，遇上冷调的黑白色，连续采用圆形的串联，撞击出幽幽迷情。

❸ 卧室与客厅开放式的设计，呼应了整体空间的时尚优雅。

❶ 淡紫色搭配的组合，特别适合性情浪漫的女性，妩媚而迷人。

❷ 房间整体轮廓被浅紫色凸显出来，搭配碎花绿色的床品，秋日舒爽的气息扑面而来。

❸ 坐在长椅上读书，感受阳光的暖意，充满了青春艺术气息。

◎3.7.3 靛青色＆紫藤色

❶ 本作品为哥特式风格的空间设计。

❷ 靛青色与深粉色交相辉映，凸显尊贵，既醒目又时尚。

❸ 合理的区域分割，反映出居住人的品位。

❶ 该作品采用哥特式风格，斑斓富丽、精巧迷幻的特点，把空间发挥得淋漓尽致。

❷ 圆形吊顶总能让处在空间的人自己去领悟、去体会美的本原，捕捉到艺术所表达的意境。

❸ 实木的装饰，完美地划分了娱乐与客厅区域。

◎3.7.4 木槿紫 & 藕荷色

❶ 本作品是现代简约风格的室内设计。大量弧形的运用，给予人流畅的视觉感。

❷ 半开式厨房，使空间通透，又能起到扩大空间的作用。

❸ 紫色与黄色的搭配延续了空间色彩，形成了整体统一性。

❶ 藕荷色的现代化与牡丹的古典完美结合，宁静以致远，带人进入梦境。

❷ 时而理性感强烈的紫色，搭配上柔和暖色的牡丹，让家居空间散发出一阵阵魅力气质。

❸ 颇具现代艺术的床头柜，并不耀眼，但陪衬得恰到好处。

◎3.7.5 丁香紫 & 水晶紫

❶ 将丁香紫的柔情注入空间，搭配别致的装饰，使整个空间极富艺术性。

❷ 白色的墙角线与灰色的地毯，起到增大空间的视觉效果。

❸ 茶几的设计既能起到收纳的作用，又能作为展示之用，可谓是一举两得。

❶ 卧室采用新古典主义风格的设计理念。

❷ 背景墙上的彩色图案，在视觉感官上使空间更加饱满。

❸ 空间水晶紫与地毯形成冷暖呼应，构建空间的立体活力。

◎3.7.6 矿紫 & 三色堇紫

① 矿紫色花案壁纸，打破以往空间的暗淡。

② 两侧嵌入的床柜，掌握空间平衡，整齐美观。

③ 颜色、光源与线条做完美比例安排，大气而丰富张力。

① 三色堇紫色的床品与彩色床旗的交织，凸显民族异域风情。

② 卧室中采用紫色，让人置身紫色梦境中，用感官来体验它天籁般的魅力。

③ 空间最大的特点就是"各自为战"，各自不同的特色，带来了与众不同的亮点。

◎3.7.7 锦葵紫 & 淡丁香紫

① 酒店式的餐厅设计，给人以华贵的视觉感受。

② 餐厅运用锦葵紫色与深色木质的搭配，两者珠联璧合，彰显简洁、前卫的大气之风。

③ 餐桌上方圆形吊灯，在视觉上给人以圆满无缺、包容无限、动静合一的美好感受。

④ 一束花束、一幅可爱的壁画，条理分明，活力四射。

① 明媚阳光一泻而入时，与淡丁香紫色的柔和色调瞬间浑然一体，整个居室变得明亮轻盈起来。

② 在室内摆放一些花草，带来大自然的气息，又能显现出勃勃生机。

③ 精美的床幔，是女孩无法抗拒的柔情，亦仙亦幻，散发出浓浓的高雅魅力。

◎3.7.8 浅灰紫 & 江户紫

① 浅灰紫色在卧室的运用，尽显奢华，配合家具的质感，令卧室如豪华酒店般品位出众。

② 留白的空间，适当运用紫色，让平淡立刻转换。

③ 面积较大的窗户处休息区，坐着舒服，还可以很好地欣赏外面的风景，美观实用。

① 本作品采用现代简约风格的卧室设计。

② 江户紫色的背景墙配上白花壁纸，使紧凑的卧室显得不那么拥挤，淡雅且高贵。

③ 古钱币花纹的地毯配精致的立柜，使布局雅观又适用。

◎3.7.9 蝴蝶花紫 & 蔷薇紫

① 本作品是现代风格厨房设计，是当前最流行的风格之一。

② 蝴蝶花紫色的厨房背景墙设计，突出了女主人的浪漫气质，妩媚而浪漫。

③ 吊灯的设计采用点、线的结合，简单风趣。

① 蔷薇紫色不规则的阁楼空间，让简约的小家顿时个性十足。

② 椅子精致的线条与纹理颇具欧式复古的情调，而浅色简约的花纹又呈现清新舒适的视觉享受。

③ 床幔成就了每个女孩的公主梦，华贵浪漫，也可以使睡眠空间独立而静谧。

3.8 黑、白、灰

◎3.8.1 认识黑、白、灰

黑白灰色：黑色可以定义为没有任何可见光进入视觉范围的颜色，一般带有恐怖压抑感；白色是所有可见光光谱内的光都能同时进入视觉内，带有愉悦、轻快感；灰色是在白色中加入黑色进行调和而成的颜色，它呈现出简洁明快、柔和优美感觉。

色彩情感：冷酷、神秘、黑暗、干净、朴素、雅致、贞洁、诚恳、沉稳、干练。

白 RGB=255,255,255 CMYK=0,0,0,0	月光白 RGB=253,253,239 CMYK=2,1,9,0	雪白 RGB=233,241,246 CMYK=11,4,3,0	象牙白 RGB=255,251,240 CMYK=1,3,8,0
10% 亮灰 RGB=230,230,230 CMYK=12,9,9,0	50% 灰 RGB=102,102,102 CMYK=67,59,56,6	80% 炭灰 RGB=51,51,51 CMYK=79,74,71,45	黑 RGB=0,0,0 CMYK=93,88,89,88

◎3.8.2 白&月光白

① 简约欧式风格的卧室设计，低调而奢华。大面积采用了软包设计，让简约风格更突出。

② 卧室采用统一的白色作为装饰，整体给人干净明亮整洁的感觉。

③ 柜子上的花瓶与一旁的小马，让空间增添了一丝童趣。

① 月光色的厨房，简单纯净，外观大方不奢华给人视觉舒适悠闲的享受。

② L形的地柜，无多余的修饰。简约的造型，彰显厨房空间的雅致。

③ 窗户的良好采光性，有利于空气流通，又美化了厨房环境。

◎3.8.3 雪白&象牙白

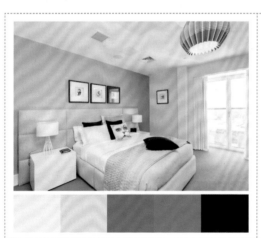 

① 现代简约的风格，沉稳而不沉重，大量雪白的运用使卧室更加整洁通透。

② 空间如雪一样纯净，用猫咪图案与深蓝色的抱枕，做一点恰当的调和，让空间因此也格外耐看。

③ 九宫格的软包、壁画与吊灯，给人一种较为柔和的视觉冲击。

① 空间是生活的舞台，对于喜欢宁静的人来说，象牙白的空间融合性高，更讨人们欢心。

② 亮色系在人造大理石中夹杂着点点花纹，让房间充满低调的奢华感。

③ 对称美的运用不但使空间庄重严谨，而且又不失柔和美。

◎3.8.4　10% 亮灰 & 50% 灰

① 亮灰色木纹板经过精雕细琢后，使华贵的气质优美地展现，简约整洁。

② 人与自然演绎的厨房，运用内嵌的布置，考虑到厨房的美观与实用性。

③ 开放式成为亮点，光线充足，以及绿色植物的应用，为空间带来了清新感。

① 现代简约风格理念，给人耳目一新的惊喜。

② 过多的颜色给人以杂乱无章的感觉，而灰白简单合理的融合，才能更好地诠释和谐之美。

③ 以秋千代替柜子，清新而独特。

◎3.8.5　80% 炭灰 & 黑

① 炭灰色与白色相搭配，不在于色彩鲜明，而在乎纯净之美。

② 实木与编织的座椅冲淡了炭黑色的生硬。

③ 空间巧妙的设计带着现代生活的精致，让平凡生活变得时尚起来。

① 天花的星空，辅以格子状的墙壁，给人无边无际的空间感和神秘感。

② 黑色窗帘设置新颖别致，错落有度，时尚而高贵。

③ 白色的沙发式床和电视相搭配，轻松、惬意，凸显了对生活的享受和洒脱的性情。

第4章 室内家居空间的分类

客厅＼卧室＼书房＼餐厅＼厨房＼
卫浴＼公寓＼别墅＼复式

室内家居空间可分为两大类：一类是公共空间，是指家庭成员共同使用的空间，讲究共性；另一类是私密空间，是指个人单独使用的空间，讲究个性。

◆ 公共空间包括客厅、餐厅、厨房、通道、楼梯、卫生间等，同时公共空间又承担着接待客人、举行聚会的重任，因此公共空间要求照顾到家庭中每个成员的感受。具有统一融合性的特点。

◆ 私密空间包括书房、卧室、卫浴间等，承载着居住主人的私密生活。须在主人性格习性的前提下进行设计。

4.1 客厅

客厅是连接内外和客主沟通情感的主要场所，也是看电视、听音乐、家庭成员聚集的地方，是家庭活动中心。利用频次高，所以面积应大些。客厅设计也往往会显示出一个人的品位，因此在设计中要充分考虑到突出重点部位以及各功能区域的划分。同时，还需要考虑空间灯光色彩的搭配及辅助功能的设计。

特点：

◆ 多功能实用性。

◆ 面积大、活动多、人流导向相互交替。

◆ 会客、视听、聚谈的活动中心。

◉4.1.1 简单舒适的客厅设计

空间独特简单的线条设计，极富创意和个性，它肯定凝结着设计师的独特智慧，因此既美观又实用。

设计理念：本作品采用空间宽敞化和最高化相结合的设计方式，带来宽敞明亮的家居生活环境。

色彩点评：大量地使用白色，不仅使空间敞亮，更会放松人的心情。

❶ 入门即是客厅，使住宅内外隔离清晰。

❷ 大面积的玻璃窗，让客厅采光充足，随处充满阳光，使居住者心情舒畅。

❸ 客厅地板多采用实木材质，亲近自然而不会因反光强烈带来不舒适的感觉。

RGB=58,32,57 CMYK=79,92,61,42
RGB=220,220,220 CMYK=16,12,12,0
RGB=40,29,25 CMYK=77,80,82,64
RGB=160,114,78 CMYK=45,60,74,2

本作品强调设计的目的性，简洁、干净、宽敞，运用几何造型将空间合理地分隔开，实用性较强。

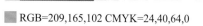

RGB=209,165,102 CMYK=24,40,64,0
RGB=100,76,53 CMYK=62,68,82,27
RGB=249,235,214 CMYK=4,10,18,0
RGB=240,243,246 CMYK=7,4,3,0
RGB=33,6,2 CMYK=77,90,91,73

经典黑白色的窗框布置大方，直率的L形沙发，不仅扩大空间视野，亦点缀整个空间，使空间没有一丝束缚感。

RGB=80,41,26 CMYK=61,82,92,49
RGB=70,73,74 CMYK=76,68,65,26
RGB=207,183,67 CMYK=27,28,81,0
RGB=231,229,230 CMYK=11,10,8,0
RGB=92,119,140 CMYK=71,51,38,0

◎4.1.2　宽敞明亮的客厅设计

客厅是家居活动中重要的公共活动空间，也是整个居室最亮的地方。因此，自然采光和人工采光的设计是尤为关键的。

设计理念：客厅装修简洁规整，体现休闲的生活气息。

色彩点评：白色的客厅能给人精神情绪上一个很好的安抚作用。

🟡 白色隔空天花与褐色实木的隔板搭配起到稳定空间的作用。

🟡 对称式布置沙发，层次感强，很适于严谨家庭采用。

🟡 镜面茶几不仅能满足客厅的需求，更能让客人坐在这里有赏心悦目的感受。

RGB=68,45,30 CMYK=67,77,87,51
RGB=234,234,236 CMYK=10,8,6,0
RGB=155,134,113 CMYK=47,49,55,0
RGB=80,86,86 CMYK=75,64,62,17

将客厅与餐厅融合为一体，打破空间僵化格局，使空间产生延伸感。

RGB=210,209,204 CMYK=21,16,19,0
RGB=79,51,37 CMYK=64,76,85,45
RGB=229,220,213 CMYK=12,14,15,0
RGB=144,145,140 CMYK=50,41,42,0
RGB=75,82,90 CMYK=77,67,58,16

本作品契合着主人简单又沉稳的性格，白色与暖色的搭配，使简洁的空间更加多了几分内涵。

RGB=181,195,198 CMYK=34,19,20,0
RGB=244,240,239 CMYK=5,7,6,0
RGB=224,185,46 CMYK=19,30,86,0
RGB=186,127,81 CMYK=34,57,71,0
RGB=72,71,68 CMYK=74,68,68,29

客厅设计技巧——色彩饱和的墙体变化

客厅空间规划既要合理，又要协调统一，不可产生突兀感。空间要简洁宽敞、明亮，达到温馨、具有亲和力的目的；只有采用整体基调，在软装上追求不断地变化，才能营造热情的气氛。

典雅的蓝色墙体设计，显得空间流畅自然，营造出通透清爽的客厅氛围。

整个空间大胆采用青色基调，把白色作为调整色，给空间一种悠然自得的感觉。

把客厅打造成绿色，不仅让家多一份自然的感觉，更能安抚人浮躁的心。

配色方案

双色配色

三色配色

五色配色

客厅设计赏析

4.2 卧室

卧室，又被称为卧房，分主卧和次卧，是供人们休息、睡觉的地方。卧房布置的好坏，直接影响人的睡眠，因此卧室成为设计的重点之一。在卧室设计上应重视公平与舒适的完美结合，追求优雅独特、简洁明快；利用线条节奏和灯光造型的立体化以及良好的通风，来营造出温馨柔和的居室。

特点：

◆ 强调和谐搭配，主要是颜色与材料的合理搭配。

◆ 讲究功能的完整与整体性。

◆ 色调温馨柔和，使人身心放松。

◉4.2.1 淡雅安逸的卧室设计

卧室设计不仅要美观，更要舒适。因为经过劳累的一天，人们的身心需要放松和休息，所以一个淡雅的卧室空间是卧室设计的重头戏。

设计理念：宽敞的空间，凝练简洁的线条，凸显空间素净雅致的特点。

色彩点评：白色墙体和灰色地毯的搭配，营造出纯净随和的空间。

🔹 大量的落地窗，使阳光穿透居室，给人一种舒适雅致的感觉。

🔹 精美的拉帘环绕在窗前，既美观又增加了空间的安全感。

🔹 床尾摆放的双人沙发与茶几，雅观舒适，亦增加了空间的紧密度。

- RGB=230,230,226 CMYK=12,9,11,0
- RGB=95,102,106 CMYK=70,59,54,5
- RGB=196,163,80 CMYK=30,38,76,0
- RGB=2,2,8 CMYK=93,90,84,76

紫色的软装为卧室增添了亮丽的一笔，充足的阳光活泼了室内气氛，这样的居室更加舒心惬意。

- RGB=156,131,91 CMYK=47,50,69,0
- RGB=235,233,233 CMYK=9,8,8,0
- RGB=84,0,111 CMYK=85,100,45,2
- RGB=230,199,104 CMYK=15,24,65,0
- RGB=115,59,3 CMYK=54,79,100,30

一眼望去，空间宽敞整洁，淡淡的绿色与白色碰撞，整个空间流露出淡雅的自然芳香。

- RGB=144,149,129 CMYK=51,38,50,0
- RGB=236,237,237 CMYK=9,6,7,0
- RGB=135,146,148 CMYK=54,39,38,0
- RGB=158,139,115 CMYK=46,46,55,0
- RGB=182,167,117 CMYK=36,34,58,0

◎4.2.2　温馨舒畅的卧室设计

温馨舒畅的卧室设计讲究色彩融合、协调，注重实用性和舒适性。例如，本作品没有过多的装饰，也能体现出居室简洁的温馨气氛。

设计理念： 拱形天花拉高空间，暖色系背景打造空间素雅之感，两盏暖色的台灯使空间色温平衡，清淡亦温馨。

色彩点评： 淡灰色空间与白色的调和搭配，让整个空间凸显宁静祥和的氛围。

🔵① 精致简单的吊灯，拉近空间，使空间不那么空旷。

🔵② 浅褐色的地毯，舒适柔和，令居室更加稳重。

🔵③ 窗户的面积处理得恰到好处，为卧室添加了充足的阳光。

RGB=235,139,27 CMYK=10,56,91,0
RGB=120,76,5 CMYK=55,71,100,23
RGB=160,172,160 CMYK=44,27,37,0
RGB=38,8,0 CMYK=75,90,94,71

本作品是一间可爱的儿童卧室，浪漫的粉色床幔、小巧玲珑的兔子、惟妙惟肖的龟形椅，给空间营造出童话般的梦幻世界。

RGB=234,219,214 CMYK=10,16,14,0
RGB=246,239,232 CMYK=5,8,10,0
RGB=113,107,54 CMYK=62,55,92,11
RGB=130,89,49 CMYK=53,67,90,15
RGB=207,150,81 CMYK=24,47,73,0

宽绰的居室，旋转楼梯的新颖别致成了点睛之笔，轻松感的线条，外加黄色灯光的普照，给卧室增添几分浪漫情调。

RGB=78,35,5 CMYK=61,84,100,52
RGB=249,224,192 CMYK=4,16,27,0
RGB=95,26,6 CMYK=56,94,100,45
RGB=188,157,88 CMYK=34,40,72,0
RGB=162,41,7 CMYK=43,95,100,9

卧室设计技巧——照明

　　卧室灯光要以柔和色调为主,避免采用硕大灯光。因为强光会使人的眼睛有刺痛感。但也不易用过暗的灯光,这样会使居住者性格孤僻。角落里可以添加几盏射灯,增添卧室几分浪漫情调。

　　两盏壁灯灯光柔和,令整个卧室充满温馨,也容易让居住者进入梦想。

　　床头两侧黄色吊灯,充满奇幻意境,光彩夺目,成功地吸引了居住者的眼球。

　　两盏柔和的灯光很适合睡前喜欢看书的居住者,几许星光点点的射灯也为空间增添了浪漫情调。

配色方案

双色配色	三色配色	五色配色
	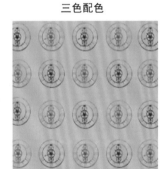	

卧室设计赏析

4.3 书房

书房，古称书斋，是家中工作室，是用于阅读的空间。书房布置要保持相对的独立性，因为阅读需要安静的环境，虽不一定需要保密，但要少干扰。书房中工作的区域是中心，应处在稳定且采光较好的位置，有利于建立良好的氛围，改善人在书房中的心情。

特点：

- 充足明亮的照明和采光。
- 安静宁和的氛围。
- 清新淡雅、朴实尊贵的装饰。
- 区域分明、条理有序。

◎4.3.1 雅致舒适的书房设计

书房既是办公室的延伸又是家庭的一部分，因此要讲究舒适。例如，本作品整体空间在满足功能性和美观性的同时，又让书房不失特色。

设计理念：精简的线条创造出大方规矩的书房。

色彩点评：黑白灰经典色调，使书房的气氛显得十分大气，让沉稳气场凸显出来。

❶黑色沉稳的列柜墙，突出了书房实用功能的多样化。

❷将空间合理地划分为两个部分，增强空间的实用性，将上网与阅读的区域分割开，使人们静下心来专注做一件事情。

❸白色绒毛地毯柔软舒适，给书房增添了一份雅致。

RGB=229,229,229 CMYK=12,9,9,0
RGB=50,51,51 CMYK=80,74,71,45
RGB=137,100,70 CMYK=53,63,76,9
RGB=75,95,45 CMYK=75,55,100,20

本作品运用典型的配色方案，以白色为主，采用黑色的书桌来调和，起到让人静心的效果，又令整个书房更加明亮。

■ RGB=19,19,19 CMYK=86,82,82,70
□ RGB=234,238,238 CMYK=10,5,7,0
■ RGB=141,80,33 CMYK=49,74,100,14
■ RGB=97,86,81 CMYK=67,65,64,17
■ RGB=40,52,3 CMYK=81,67,100,52

本作品强调清新柔和的基调，红色座椅的点缀，既丰富视觉效果又没有打破整体风格的和谐。

■ RGB=202,177,159 CMYK=25,33,36,0
□ RGB=240,239,236 CMYK=7,6,8,0
■ RGB=211,2,11 CMYK=22,100,100,0
■ RGB=214,205,0 CMYK=25,16,93,0
■ RGB=218,88,120 CMYK=18,78,36,0

◎4.3.2 简约实用的书房设计

简约实用的书房设计是打破原有的条条框框，利用崭新的设计元素，使实用与审美功能兼备，很受年轻人的追捧。

设计理念： 采用玻璃隔断的方式来扩大整体房间的空间感。

色彩点评： 小小的书房采用实木延伸整个房间，再与通透的玻璃窗结合，透露出自然气息。

❶ 整体空间的浅色与玻璃材质配合，使整个空间得到很好的衬托。

❷ 书房透过窗户与窗外的绿色相融合，呈现出舒心惬意的空间氛围。

❸ 采用滑轮样式的椅子，打破以往椅子的生硬，让居室主人有一个舒适的工作区域。

- RGB=222,210,194 CMYK=16,19,24,0
- RGB=174,113,71 CMYK=40,63,77,1
- RGB=79,63,55 CMYK=69,71,74,36
- RGB=111,114,95 CMYK=64,53,65,5

本作品书房家具强调功能性设计，线条简练流畅，色调温馨舒适，一抹蓝色与植物的点缀，使整个书房富有强烈的生活气息。

- RGB=75,53,46 CMYK=67,75,77,43
- RGB=234,232,230 CMYK=10,9,9,0
- RGB=32,71,94 CMYK=91,73,53,17
- RGB=46,62,7 CMYK=80,64,100,45
- RGB=210,193,181 CMYK=21,16,27,0

书房造型比例适度，空间功能性明确，配饰搭配美观，色彩温馨和谐，呈现较强的立体感空间。

- RGB=173,145,95 CMYK=40,45,67,0
- RGB=235,235,239 CMYK=9,8,5,0
- RGB=168,111,66 CMYK=42,63,80,2
- RGB=73,38,19 CMYK=63,82,98,53
- RGB=182,143,109 CMYK=36,48,58,0

书房设计技巧——采光

　　书房采光有直接照明、半直接照明和间接照明等方式，一般不需要全光。书房的位置最好在自然光照射得到的地方；间接光源可以减少书房沉闷气氛，也可以避免直射光对人眼的伤害。

　　夜晚书房的采光应运用多盏小吸顶灯或台灯。因为小吸顶灯比较柔和又节约空间，台灯能保护眼睛，整体又能起到装饰作用。

　　书房采用自然光照明，自然光微妙的强弱变化造就了空间的层次感，大量白色墙体造成了室内二次反射，达到光的均匀度。

　　本作品的书房采用间接照明方式，一盏台灯做辅助，避免给人眼睛造成晕眩的感觉。

配色方案

双色配色	三色配色	五色配色

书房设计赏析

4.4 餐厅

餐厅是一家人进餐的空间，舒适的进餐环境以一个独立的空间为最佳。在陈设和设备上是有共性的，要求便捷卫生、安静舒适、光线柔和、色彩素雅，照明也应集中在餐桌顶部，便于营造出一种秀色可餐的感觉。主人可以根据自己的爱好，利用空间搭配布置出独特的餐厅。但餐厅的位置最好应靠近厨房，方便日常生活。

特点：

◆ 注重实用性与效果的结合。

◆ 注重色彩搭配，给人宁静的感觉。

◆ 餐桌主要以矩形桌和圆形桌为主。

◉ 4.4.1 安静舒适的餐厅设计

家居中有一个安静舒适的餐厅，再配上合适的灯具，既能领略美食的"色"之美，又能营造出一种迷人的气氛。

设计理念：实木桌椅设计，令人感觉更具有民族气氛。

色彩点评：天然纹理的原木桌椅，充满淳朴的自然气息。

❶线条优雅的玫瑰餐柜显得风格更加秀丽典雅。

❷不规则圆柱形的吊灯，朦胧的灯光使餐点更加美味诱人。

❸一束白玫瑰的点缀，使氛围更加浪漫且具有诗意。

- RGB= 237,232,223 CMYK=9,10,13,0
- RGB=86,75,58 CMYK=68,66,78,29
- RGB=111,112,109 CMYK=64,55,55,2
- RGB=37,19,3 CMYK=76,83,95,69

餐厅设计一种旋转的效果，暖色的色调给人一种温和、安静的居室感觉。

- RGB=162,157,115 CMYK=44,36,59,0
- RGB=236,234,226 CMYK=9,8,12,0
- RGB=236,217,199 CMYK=9,18,22,0
- RGB=131,64,37 CMYK=50,81,96,21
- RGB=76,118,44 CMYK=76,46,100,6

两个大小不一的单人沙发，实木的落地窗装饰，使主人在舒适欣赏美景的同时还可以品尝美食。

- RGB=134,60,2 CMYK=50,83,100,21
- RGB=239,221,195 CMYK=8,16,25,0
- RGB=116,118,113 CMYK=62,52,53,1
- RGB=154,97,23 CMYK=47,67,100,7
- RGB=27,26,5 CMYK=82,77,97,68

◎4.4.2 温暖庄重的餐厅设计

温暖庄重的餐厅具有成熟的特点，也给人安静舒适的感觉。例如，本作品采用打磨的实木制作餐桌，保持木材原有的纹理和质感，令就餐氛围更加温馨安逸。

设计理念：几何体的设计原理，简洁的线条，将餐厅的功能发挥得淋漓尽致。

色彩点评：白色的面积实木的调和，使餐厅布置得非常庄重优雅。

🌸①百合花瓶点缀餐厅，为餐厅营造出十足的情调。

🌸②圆形的餐桌有着一团和气之效，一家人也容易相互沟通。

🌸③暖色吊灯的运用，使氛围洋溢着幸福的"星光"。

RGB=239,222,197 CMYK=8,15,25,0
RGB=142,81,36 CMYK=49,74,99,14
RGB=101,103,85 CMYK=67,57,68,68
RGB=109,118,16 CMYK=66,49,100,7

本餐厅是偏向于米白色的现代风格设计，少量的木质搭配彰显出洁净、自然、纯朴的氛围。大面积落地窗的设计是就餐者能够观看到窗外的海景，使进餐的氛围更加怡然自得。

RGB=177,133,97 CMYK=38,52,64,0
RGB=245,240,229 CMYK=5,7,12,0
RGB=68,67,70 CMYK=76,71,65,30
RGB=116,172,28 CMYK=61,17,100,0
RGB=182,80,97 CMYK=36,80,52,0

本餐厅体现低调奢华的内涵，干净流畅的线条、精细的布局，令空间易打理，又展现出实用性与美观性的完美结合。

RGB=181,168,153 CMYK=35,34,38,0
RGB=222,220,220 CMYK=15,13,12,0
RGB=166,91,56 CMYK=42,73,85,4
RGB=176,123,90 CMYK=38,58,66,0
RGB=97,128,107 CMYK=69,44,62,1

餐厅设计技巧——光线、色调的运用

充分地采光能让就餐者享受自然、舒适的就餐氛围。餐厅光线可以使用荧光、白炽光、色光和烛光。此外，色调的运用也是极为重要，不同色调能创造出不同的心情。

本餐厅以窗代替墙，充分采用自然光线，使进餐者能享受到日光的舒适，又能产生一种宽敞明亮的感觉。

本作品采用白色的色调来打造餐厅，让人安宁，又凸显出清新淡雅的氛围。

本餐厅采用白炽灯自然又容易控制的特点，易于显示食品的本色，使进餐者心情舒展增加食欲。

配色方案

双色配色　　　　　三色配色　　　　　五色配色

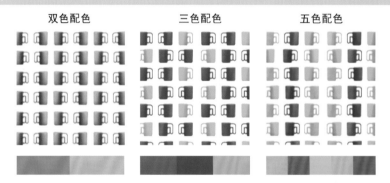

餐厅设计赏析

4.5 厨房

厨房，是进行烹饪的房间，是将橱柜、冰箱、格式抽屉、水盆、抽烟机等厨房用具和厨房电器整体结合在一起的空间。将传统分散的橱柜、家电等用具进行一次改革，注重整体搭配，使厨房整体统一，既美观又实用。

特点：

◆ 形式简洁，强调空间开阔感。

◆ 功能实用，摒弃繁杂的枝节。

◆ 材质多样化，丰富厨房世界。

◆ 多以色彩偏冷为主题，勾勒出洁净舒适的厨房环境。

◎ 4.5.1　风雅优美的厨房设计

厨房整体的配置，要求以最佳需求分隔空间，经反复推敲，精心设计，才能体现厨房的神韵和主人的个性需求。

设计理念：个性、美观、实用为一体的生活写意。

色彩点评：整体原木材质的橱柜，拥有着良好的外观，巧妙的设计增加了厨房的使用面积。

❶上下结构的收纳，让整个厨房更有层次感。

❷原木色橱柜与简单的灰色大理石的吧台形成强烈对比，小却不失优雅。

❸加宽设计的煮食区域，优雅的功能比例，塑造出良好舒适的空间环境。

RGB=184,195,200 CMYK=33,19,19,0

RGB=55,50,45 CMYK=76,73,76,48

RGB=128,84,60 CMYK=54,70,80,16

RGB=188,152,122 CMYK=32,44,52,0

白色与温暖木色搭配起来优雅大气，而木纹清新的吧台让厨房充满大自然的温馨舒适感。

■ RGB=86,73,65 CMYK=68,68,71,28

□ RGB=229,225,226 CMYK=12,12,9,0

■ RGB=96,49,35 CMYK=58,82,88,40

■ RGB=152,157,176 CMYK=47,36,23,0

■ RGB=67,67,96 CMYK=82,79,49,13

木色柜体和大理石台面的搭配，有着浓浓的质朴味道，整体布局搭配相得益彰。

■ RGB=154,133,110 CMYK=47,49,57,0

□ RGB=238,240,235 CMYK=9,5,9,0

■ RGB=66,61,55 CMYK=74,70,73,39

■ RGB=180,87,13 CMYK=37,76,100,2

■ RGB= 107,104,98 CMYK=65,58,59,6

◎4.5.2 朴素宁静的厨房设计

厨房设计体现在简单的线条，较强的空间感，是功能化的艺术品，应突出厨房"以人为本"的文化理念，成为家居中一道亮丽的风景线。

设计理念：U 形的空间设计，简单中寻找力度感，让人流连忘返。

色彩点评：棕色的座椅看似极为深沉，却由内而外地散发着不可比拟的高贵质感。

❶简约的花纹，圆润的线条，营造出灵动优雅的气息。

❷大小不一的抽屉，丰富了空间的立体感，花束的摆放激活了整体空间，让空间更加明快。

❸简洁中不失细节完美，让人百看不厌，享乐其中。

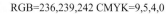

RGB=236,239,242 CMYK=9,5,4,0
RGB=139,137,140 CMYK=53,45,40,0
RGB=37,7,4 CMYK=75,91,91,72
RGB=88,111,49 CMYK=72,50,100,10

独立的中央岛台，简单中透露出浓厚的艺术魅力，整体白色的基调传递出轻松柔和的温情。

■ RGB=75,63,55 CMYK=71,71,74,37
□ RGB=23,7237,237 CMYK=9,7,7,0
■ RGB=123,97,72 CMYK=58,63,75,12
■ RGB=122,121,117 CMYK=60,51,51,1
■ RGB=1,1,1 CMYK=93,88,89,80

一字形布局，使储物一目了然，橱柜完美的镶嵌，使整体厨房空间美观又大方。

■ RGB=180,126,97 CMYK=37,57,62,0
□ RGB=234,234,231 CMYK=10,7,9,0
■ RGB=209,199,137 CMYK=24,21,52
■ RGB=157,105,97 CMYK=47,66,59,1
■ RGB=149,136,126 CMYK=49,47,48,0

厨房设计技巧——橱柜的选择

在新古典主义中沙发是客厅的重要成员。家居的创意是精髓所在。新古典主义崇尚舒适，没有复杂的隔断，营造了充满人性的亲和感。

橱柜的设计别具一格。褐色实木柜台，大理石台面，放置的盆栽，别是一番风味，使整个厨房清新脱俗。

弧形的岛台成为厨房最大的亮点，不仅注重实用性，还体现出了美观性，成为空间的独特风景。

直线型的厨房设计，具有较强的空间感。省略烦琐的功能，体现出生活的精致与个性。

配色方案

双色配色　　　　　三色配色　　　　　五色配色

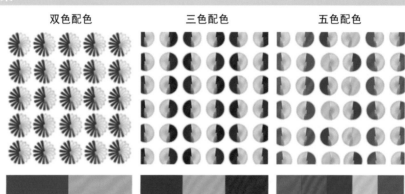

厨房设计赏析

4.6 卫浴

卫浴提供给居住者盥洗、浴室和厕所 3 种功能。卫浴设计不仅多元化，而且造型精致，利用线条组合空间，在视觉上达到利落清爽的效果。应注意干湿分明的格局，保持良好的通风，防止发潮。

特点：

- ◆ 造型、色彩、材质与餐厅、客厅相呼应。
- ◆ 简单方便的设计理念。
- ◆ 享受、休闲、清洁、保健为一体的生活方式。
- ◆ 突破固有的材质束缚，体现柔美的视觉冲击。

◎4.6.1 素雅舒心的卫浴设计

根据使用的特点,在设计上注重实用性与艺术性兼备,既要满足居住者的心理要求,又要使整个空间给人一种明净、惬意的感觉。

设计理念：摒弃繁杂的外形结构,从细节上创造出优雅,巧妙地利用每一寸面积。

色彩点评：白色为主,几许褐色的融合,使空间更加清新雅致。

💧悬空的洗漱台,凸显空间的收纳功能,增强空间的实用感。

💧深棕色实木的调和使不大的空间释放出大气的视觉效果。

RGB=225,225,220 CMYK=14,11,13,0

RGB=144,135,120 CMYK=51,46,52,0

RGB=69,55,42 CMYK=70,72,82,45

RGB=87,97,42 CMYK=71,56,100,18

泡浴与淋浴完全分离,既享受浴缸的尊贵慵懒又享受淋浴便捷方便,白色鹅卵石的镶嵌既防滑又隐现出一抹清凉感。

■ RGB=131,124,118 CMYK=57,51,51,1

　RGB=244,245,254 CMYK=6,4,0,0

■ RGB=47,37,36 CMYK=77,79,77,56

■ RGB=183,164,158 CMYK=34,37,34,0

■ RGB=94,112,76 CMYK=70,51,78,8

宽阔的镜面与玻璃墙面有效地扩大了浴室面积,从而创造出清凉的视觉感。

■ RGB=155,150,144 CMYK=46,39,40,0

　RGB=245,243,242 CMYK=5,5,5,0

■ RGB=58,48,41, CMYK=73,74,78,50

■ RGB=159,133,116 CMYK=45,50,53,0

■ RGB=94,112,76 CMYK=70,51,78,8

◉ 4.6.2　亲和温馨的卫浴设计

　　亲和温馨的卫浴设计，简洁大方，干净且富有朝气，让人顿生稳重端庄的感觉。例如，本作品在空间上灵活紧凑，空气中渗透着自然宁静感。

　　设计理念：良好的通风和采光给淋浴间带来完美舒适的享受。

　　色彩点评：褐色的实木在改变空间冰冷的同时，营造出温馨浪漫的氛围。

　　❶细节上精致的设计，使淋浴内设置的收纳空间小巧别致。

　　❷光滑的瓷砖墙壁使空间宽阔许多。

　　❸木质条纹脚踏板不仅清新舒适，还能防止人滑倒。

RGB=159,143,120 CMYK=45,44,53,0
RGB=93,74,68 CMYK=66,70,69,25
RGB=212,212,212 CMYK=20,15,14,0
RGB=153,116,97 CMYK=48,58,62,1

　　内嵌的玻璃收纳架充满时尚质感，木质抽屉柜与木质墙围和谐统一，凸显出空间的清新自然。

RGB=183,160,129 CMYK=34,38,50,0
RGB=243,237,226 CMYK=6,8,12,0
RGB=75,56,40 CMYK=67,73,84,44
RGB=106,146,198 CMYK=64,39,10,0
RGB=75,43,20 CMYK=64,79,99,50

　　大量玻璃元素的植入并巧妙划分，使空间通透整齐，令空间质感更加轻盈。

RGB=218,201,186 CMYK=18,23,26,0
RGB=235,239,235 CMYK=10,5,9,0
RGB=164,103,67 CMYK=43,67,79,3
RGB=55,83,35 CMYK=80,57,100,29
RGB=170,147,116 CMYK=41,44,56,0

卫浴设计技巧——浴缸的巧妙

浴缸泡热水澡是使人放松的最好的方式之一，大小设计要与卫生间的面积相宜，精心营造一个真正舒适的卫浴空间。

采用人体学打造的白色浴缸，使泡浴者有个舒适的心情。

在拱形内嵌入一个浴缸，从视觉上有种公主般的高贵，良好的采光营造出清凉的空间享受。

嵌入式的浴缸与洗手池，节省空间，体现出主人独特的个性。

配色方案

双色配色　　　　　三色配色　　　　　五色配色

卫浴设计赏析

4.7 公寓

公寓是集合式住宅之一，大致可分为普通公寓、商务公寓和酒店式公寓。细分又可分为排房、单元公寓屋、股东房和出租房，还可根据公寓的结构和形态分为小型公寓、高层公寓和花园公寓。

特点：

◆ 普通公寓精装修，可随时入住。

◆ 商务公寓处在商务中心区，还可具备写字楼功能。

◆ 酒店公寓处在繁荣地带，交通方便，有专业的酒店团队提供专业、细致的酒店式服务。

◎ 4.7.1 洁净舒适的公寓设计

此类型的公寓更讲究舒适性，要求功能的完备和结构的合理，整洁明亮的空间让人不会产生压抑感。例如，本作品白色与灰色的领地，再加上一抹深色的褐色的调和使整个空间清爽安逸。

设计理念：引用几何构造空间，凸显空间的饱满。

色彩点评：以明亮的白色调加以灰色调的融合，增加空间视觉亮度。

🔘 个性厚重而冷硬的空间，很适合男性居住。

🔘 通过墙面的柜层收纳，增加收纳面积，保持客厅整洁。

🔘 灰色地毯完美地划分出客厅与餐厅的区域，使空间更加宽阔舒畅。

RGB=244,246,245 CMYK=6,3,4,0
RGB=182,186,185 CMYK=33,24,25,0
RGB=185,152,106 CMYK=34,43,62,0
RGB=71,52,42 CMYK=68,75,80,45

本作品整体空间采用对称的手法，从力学的角度对称给人均衡的美感，令居住者感受庄重、整齐的和谐之美。

RGB=206,197,180 CMYK=23,22,29,0
RGB=30,30,36 CMYK=85,82,73,59
RGB=121,154,112 CMYK=60,31,63,0
RGB=201,205,214 CMYK=25,17,12,0
RGB=123,149,177 CMYK=58,37,23,0

素雅的白色空间，毫无繁杂感，开放式的格局，看起来更加通透，整体给人舒心利落的感受。

RGB=165,173,182 CMYK=41,29,24,0
RGB=237,237,237 CMYK=9,7,7,0
RGB=45,28,34 CMYK=77,84,74,59
RGB=136,134,135 CMYK=54,46,42,0
RGB=195,185,176 CMYK=28,27,29,0

◎4.7.2 温和大气的公寓设计

温和大气的公寓设计，不仅要求展现情感和意境，还应完善实用功能，使人们在视觉上、心理上获得宁静平和的满足。例如，本作品掌握形式多样法则，给人丰富的视觉效果。

设计理念：天花与地板独特的设计突破原有的规则，标新立异引人注目。

色彩点评：居室橙色色调构成，使空间温暖感倍增。

🔵天花不规则弧形与突起的台面形影相伴，起到对应的作用，使整体效果和谐统一。

🔵空间冷色与暖色的装饰层次分明，使画面具有深度、更加丰富。

🔵数盏吸顶灯的点缀，令居室更加富有生动、优美之韵味。

RGB=242,201,170 CMYK=7,27,33,0
RGB=226,118,82 CMYK=13,66,66,0
RGB=198,121,27 CMYK=29,61,98,0
RGB= 37,20,2 CMYK=76,82,96,69

一面奇特的装饰镜，一组弯曲舒适的沙发，两张对称的茶桌，整体给人大方、稳定的视觉艺术享受。

RGB=243,221,203 CMYK=6,17,20,0
RGB=234,224,227 CMYK=10,14,8,0
RGB=91,52,69 CMYK=67,84,61,28
RGB=5,5,5, CMYK=91,86,87,78
RGB=102,102,51 CMYK=66,56,94,15

由聚到散，由单一到多样的构图，都令空间富有层次感。大面积的落地窗搭配上白色具有透气感的窗帘，使空间整体效果温和大气，令人心身舒畅。

RGB=184,213,228 CMYK=33,10,9,0
RGB=238,238,238 CMYK=8,6,6,0
RGB=184,20,6 CMYK=36,100,100,2
RGB=160,160,161 CMYK=43,35,32,0
RGB=81,90,43 CMYK=72,58,99,23

公寓设计技巧——家具的色彩妙用

在设计公寓时要根据空间和面积，搭配出适合自己性格和自己喜欢的空间。比如，暖色基调使小房间看起来更宽敞。

橘色的沙发坐落在客厅，既令客厅更加耀眼夺目又为客厅增加了一丝温暖。

一眼望去，蓝色与橙色的抱枕成为房间的亮点，让居住者忍不住驻足，上前亲近这一抹亮色。

突现眼前的金色双人沙发，其舒适的造型，不仅提升主人的生活水平，也成功地抓住了客人的眼球。

配色方案

双色配色   三色配色   五色配色

公寓设计赏析

4.8 别墅

别墅，在郊区或风景区建造的园林住宅，大多是独门独户独院，两至三层楼的独立建筑。中国最早的别墅叫别业，所谓别就是"第二"，因此别墅是享受生活的居所，是第二居所非第一居所。按所处的位置和功能的不同分为庄园别墅、临水别墅、山地别墅等。别墅类型分为独幢别墅、联排别墅、双拼别墅、叠加别墅和空中别墅。

特点：

◆ 具有较强的私密性。

◆ 增加了住宅采光，拥有更宽阔的室外空间。

◆ 造型丰富。

◆ 视野开阔、环境通透。

◎ 4.8.1　舒畅安逸的别墅设计

稳重又富有个性，打破传统空间的设计理念，注入不一样的元素，让你不再故步自封，不浪费一丝空间打造完美巧妙的空间。

设计理念：空间布局合理紧凑，精巧雄伟。

色彩点评：白色的构造既弱化了空间的纵深感，又保留了视觉通透感，让硕大的空间拥有美感。

🌑 大格局的客厅气韵丰盈，打造出富有美学内涵、典雅、高端的住宅空间。

🌑 高挑的客厅，丰富的材质，呈现出沉稳内敛的居室基调。

🌑 在璀璨的吊灯辉映下，气度非凡的气势不彰自显。

■ RGB=241,236,232 CMYK=7,8,9,0
■ RGB=146,145,140 CMYK=49,41,42,0
■ RGB=89,74,62 CMYK=67,68,74,28
■ RGB=37,18,7 CMYK=76,84,93,70

别出心裁的沙发造型烘托出细腻的暖意，在严谨的设计理念下隐藏着无限的激情。

■ RGB=164,151,146 CMYK=42,41,39,0
■ RGB=235,236,237 CMYK=9,7,6,0
■ RGB=178,163,135 CMYK=37,36,48,0
■ RGB=107,93,86 CMYK=64,63,63,12
■ RGB=193,55,51 CMYK=31,91,85,1

大幅的落地窗，既给室内带来了良好的采光，又可观赏室外的美景，仿佛室内外已连为一体。

■ RGB=181,171,146 CMYK=35,32,43,0
■ RGB=234,233,232 CMYK=10,8,8,0
■ RGB=141,142,136 CMYK=52,42,44,0
■ RGB=61,94,58 CMYK=79,54,89,20
■ RGB=143,195,206 CMYK=49,13,20,0

◎4.8.2 典雅温馨的别墅设计

用优美的线条勾勒出不同的装饰造型，既有传统的内涵又汲取了现代生活的潇洒。和谐整体的处理效果，呈现出豪华大气的景象。

设计理念：对称形式的传统技法，呼应属于均衡的形式美。

色彩点评：空间以暖色为主调，使居住者拥有温馨惬意的居室。

❶切割镜面的虚实气势的手法，凸显呼应的艺术效果。

❷垂坠的吊灯拉近了空间的立体层次感。

❸支柱的延续，使空间获得扩张，起到了导向作用。

RGB=216,201,157 CMYK=20,22,42,0
RGB=51,45,26 CMYK=75,72,92,55
RGB=195,107,1 CMYK=30,67,100,0
RGB=147,111,37 CMYK=50,59,100,6

本作品统一的暖色调，给人以和谐的感觉。不再是单色让人乏味，而是形成一种宁静柔和的温馨感。

■ RGB=164,85,46 CMYK=42,76,92,6
□ RGB=238,228,217 CMYK=9,12,15,0
■ RGB=90,48,43 CMYK=61,82,79,41
■ RGB=191,144,97 CMYK=32,48,64,0
■ RGB=35,114,60 CMYK=85,46,97,7

暖黄的色调与家居装饰的协调统一，高雅而含蓄，呈现温馨豪华的视觉体会。

■ RGB=71,51,18 CMYK=67,73,100,48
■ RGB=221,173,108 CMYK=18,38,61,0
■ RGB=249,197,148 CMYK=3,31,43,0
■ RGB=179,108,53 CMYK=38,66,87,1
■ RGB=21,13,13 CMYK=84,85,84,73

别墅计技巧——客厅空间的应用

别墅设计重点是把握功能和风格。由于别墅面积大，很容易造成利用率不均，使空间面积局促，无法进行合理的安排和布局。作为日常生活的居所，要考虑到日常生活的功能，营造出一种既与常居家不同又放松的空间。

别墅的面积很大，由一些家具的装饰，分割空间，使整个空间显得更充实而不空旷。

拱形的门洞空间合理的划分，让室内有限的空间与室外无限的空间融为一体。

开放式的整体格局，由柱子搭建的拱形门洞划分空间格局，悬挂的吊灯，精致的装饰，使空间更加丰富多彩。

配色方案

双色配色

三色配色

五色配色

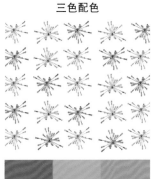

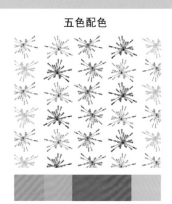

别墅设计赏析

4.9 设计实战："格调印象"家居空间设计

◎ 4.9.1 家居空间设计说明

建筑面积：160 ㎡。

装修风格：简单、清爽、现代的简约风格。

主要材料：大理石、龙骨、墙漆、涂料、抛光地砖、石膏线等。

本案例中的家居空间是为一对新婚夫妇设计的现代简约风格的整体方案，空间为三室两厅一厨一卫，共计 160 ㎡。

客户特点及要求：

客户是一对 30 岁的新婚夫妇，受教育程度较高，有一定经济实力。多年来匆匆走过很多地方，对大海情有独钟。有自己的想法，喜爱比较有格调的空间设计，喜爱现代风格的感受，希望在保持空间设计性的前提下兼顾功能性。虽然无法摆脱城市繁杂，但是内心希望远离城市的喧嚣，向往清新自然、随意轻松的居室环境，面朝大海，春暖花开。

解决方案：

根据客户提出的要求和想法进行方案设计。从风格方面，会大量使用现代风格的家具、配饰，力求达到简约而不简单的目的。从色彩方面，使用蓝色和白色作为主色调，突出大海的感觉，搭配黑色、米色、咖色作为辅助色。摒弃繁缛豪华的装修，力求拥有一种自然简约的居室空间。材料、家具、配饰的选用要更环保、有内涵、有格调。

风格特点：

◆ 空间线条结构明朗，凸显现代风格的特点。

◆ 空间虽大，但是分割合理，集设计和实用为一体。

◆ 墙面不使用过多的花纹作为装饰，仅仅使用浅蓝色，简单明了、惬意舒适。

◆ 家具陈列方式多采用对称式，搭配设计感强烈的配饰，动静结合。

◆ 墙面装饰画抽象而极具艺术气息，凸显了客户的文化素养。

◎ 4.9.2 家居空间设计分析

客　厅	分　析
设计师清单：	● 本作品运用蓝色与黄色纯度上的调和，使空间显得比较和谐，也为空间营造出清凉舒爽的怡人感受，让炎热的夏天增添一抹清凉、舒爽的感觉。 ● 本作品属于现代简约风格的客厅搭配，很符合简单、沉着性格的人居住。柔美雅致的线条使空间的节奏感更加优美和谐。 ● 倒锥形的茶桌、生动的装饰、简单独特的沙发和椅子，竭力给室内艺术引入新意象，也会令来往的客人体会到空间艺术感的升华。

卧　室	分　析

设计师清单：

- 卧室的空间用淡蓝色墙体与客厅的设计结合强调出空间的和谐搭配，也把卧室空间塑造得和谐温馨，更容易使居住者身心放松。
- 在家具设计中要重视不同空间也有共同之处。本作品可以看出居室空间整体的融合性，塑造出更加静谧平和的空间。
- 用金色典雅的吊灯装饰卧室空间，为简约的空间涂抹上亮丽的一笔，而床头的装饰画也为空间添加了艺术的气息，令空间更为优雅。

餐　厅	分　析

设计师清单：

- 本作品空间简练的装饰摆设可以很好地凸显出空间的宽容感，也更加方便居住主人打理空间。
- 在餐厅空间打造一处精巧的窗户，不仅能够使空间更加明亮，还能在就餐时享受温馨的阳光浴。
- 餐厅是一家人就餐、联络感情的地方，因此把餐厅装扮成富有艺术内涵的空间，可以给家人营造出舒适、惬意的气氛。

厨　房	分　析

设计师清单：

- 本作品是运用蓝色和白色进行反复推敲所形成的精细设计，把空间塑造得更为精美，能够让人体会到轻松、柔和的美感。
- 空间形式简洁，强调空间的宽阔感，运用多种不同的灯饰构成的整体照明形式，给明亮的空间增添了一丝浪漫的柔情。
- 开放的厨房内部所设置的大理石吧台和装饰画，能够使简洁的空间增添一些时尚气息，为平淡的环境增加一些活力。

书　房	分　析

设计师清单：

- 简约式的书房没有过多的繁杂元素，却能以以少胜多的形式抓住人的眼球，进而突出空间简练的内涵，还能让书房不那么过于沉闷。
- 书房不宜过于严肃，在淡雅的蓝色墙面上装饰一幅色彩艳丽的装饰画，令整个书房更加富有生气，也令空间多了几分情感的表达。
- 不合理的装饰和搭配，会使空间乏味得很。趣味的书架、明亮的座椅、沉稳的书桌和地毯整体搭配起来和谐舒适、丰富多彩。

卫　浴	分　析

设计师清单：

- 本作品空间注重干湿分明，运用地面设计将洗漱、淋浴空间合理地划分，也能够很好地保持空间的整洁性。
- 棕黑色的实木与大理石台面把洗漱台塑造得更为沉稳整洁，一束鲜花的点缀，使洗漱台焕然一新，凸显生机感。
- 在卫浴空间装设一面大小适中的窗户，既能保持空间的私密性又能使空间拥有良好的通风性能，很好地解决了空间易潮湿的问题。

第5章 室内家居装饰风格的分类

中式 \ 简约 \ 欧式 \ 美式 \ 地中海 \
新古典 \ 东南亚 \ 田园 \LOFT\ 混搭

　　家居装饰从最简单的装修发展到后来运用多种元素进行的精致装修，让我们足不出户就能体验不同的地域风情。家居装修风格可分为中式风格、简约风格、欧式风格、美式风格、地中海风格、新古典风格、东南亚风格、田园风格、LOFT 风格和混搭风格。最受大家推崇的是中式风格、简约风格、欧式风格。

◆ 中式风格的空间讲究层次性，多用屏风进行分割，融合了庄重与优雅气质。

◆ 简约风格的优点是将空间的元素最少化来体现丰富的内涵，获得以简胜繁的效果。

◆ 欧式风格是成功人士最佳的选择，奢华大气的景象让人体会到尊贵、华丽。

5.1 中式风格

中式风格是以宫廷建筑为代表的中国古典建筑的室内装饰设计。更多利用后现代手法把传统的结构形式通过民族特色标志符号表现出来，这种风格最能体现传统文化的审美意蕴。

特点：

◆ 空间讲究层次，多用隔窗、屏风来分割空间。

◆ 装饰多以木质为主，讲究雕刻绘画、造型典雅。

◆ 色彩多以沉稳为主，表现古典家居的内涵。

◆ 门窗对中式很重要，因中式均用棂子做传统图案，富有立体感。

◆ 家居讲究对称，配饰善用字画、古玩、卷轴、盆景，精美的点缀，体现出中国传统家居文化的独特魅力。

◉5.1.1 庄重的室内设计

庄重的中式风格蕴含着一定的文化底蕴，透露着历史文化的气息，用线条把空间凝练得更为简洁精雅。

设计理念：本作品的装修讲究空间的层次感，注重空间的细节，展现出文化内涵的韵律。

色彩点评：居室设计崇尚自然，使氛围更为清新。

❶空间采用对称式的布局，造型朴实优美，把整个空间格调塑造得更加高雅。

❷青花瓷的装饰盘和暗黄色的梅花背景墙装饰，更能凸显出东方文化的迷人魅力。

❸天花采用内凹式的方形区域，可展现出槽灯轻盈感的魅力，又能完美地释放吊灯的简约时尚感。

RGB=235,229,226 CMYK=10,11,10,0
RGB=203,161,114 CMYK=26,41,58,0
RGB=75,28,24 CMYK=61,89,89,54
RGB=13,12,8 CMYK=88,84,88,75

该作品空间使用白色和棕红色做空间的整体基调。棕红色的座椅、地毯和具有古风气息的背景画，无处不展现出空间庄严、厚重的成熟感。

■ RGB=210,194,169 CMYK=22,25,34,0
 RGB=250,248,236 CMYK=3,3,10,0
■ RGB=103,103,78 CMYK=66,56,73,11
■ RGB=106,48,27 CMYK=55,84,99,36
■ RGB=27,6,1 CMYK=80,88,91,74

本作品属于新中式的设计风格，把卧室空间塑造得具有古典美的韵律，又有现在简练的时尚感。

■ RGB=229,194,85 CMYK=16,27,73,0
 RGB=233,228,210 CMYK=11,11,19,0
■ RGB=151,28,15 CMYK=70,82,93,63
■ RGB=80,64,41 CMYK=67,69,88,39
■ RGB=15,15,11 CMYK=87,83,87,74

◉5.1.2　新颖的室内设计

新中式风格是以中国传统文化为背景，再融合一些当今时尚的新颖元素，营造出富有故土风情的浪漫生活情调。

设计理念：空间运用实木、瓷器，使空间传达出特有的气氛。

色彩点评：白色、金色、暗红、黑色是中式风格设计的主色调，外加高挑的空间设计使环境看起来更加明亮。

❶茶几的金色花纹、青绿色的瓷器和镂空的背景装饰，加深室内空间的历史文化特色。

❷统一的对称搭配，更能体现出空间的协调性、整体性。

❸吊顶中心装饰硕大的灯池，使文化神韵的空间融合一点时尚感，令空间更加神采焕发。

RGB=209,203,212 CMYK=21,20,12,0
RGB=141,131,125 CMYK=52,48,48,0
RGB=100,66,47 CMYK=60,73,84,32
RGB=10,10,14 CMYK=90,86,82,74

本作品是开放式的空间装饰设计，使用中式风格设计搭配，令空间更为沉稳庄重，很适合安逸内敛的人居住。

■ RGB=242,214,197 CMYK=6,21,22,0
□ RGB=232,230,231 CMYK=11,10,8,0
■ RGB=166,100,57 CMYK=42,69,85,3
■ RGB=68,70,63 CMYK=75,67,72,32
■ RGB=147,51,53 CMYK=46,91,81,14

本作品运用屏风形式做装饰墙进行合理的空间隔开，墙面的背景画以及天花应用统一的梅花图案进行装饰，使整个空间更具统一性，亦塑造出别致雅观的景象。

■ RGB=117,176,181 CMYK=58,20,30,0
■ RGB=224,185,81 CMYK=18,31,74,0
■ RGB=206,185,148 CMYK=24,29,44,0
■ RGB=96,98,103 CMYK=70,61,55,7
■ RGB=117,110,91 CMYK=62,56,66,6

中式风格设计技巧——不同部分的精彩构成

在居室空间进行中式风格装修时，必须将传统与现代的文化有机结合，用装饰语言和符号装点出现代人的审美观念。

将传统与创新完美地结合，使空间"艳"而不"俗"。把传统文化和现今时尚发挥得淋漓尽致，很受现在年轻人的追捧。

本作品的书房设计迎合了中式家居的内敛、质朴风格，使空间更具有古朴、内涵的韵味。

本作品应用暗红色的中式经典手法，把空间塑造得更有古韵，这悠久的点滴余香，让人回味无穷。

配色方案

双色配色 三色配色 五色配色

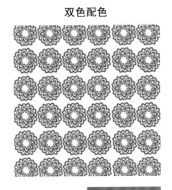

中式风格设计赏析

5.2 简约风格

简约风格并不是简单、不完整，而是一种更高层次的创作意境。它常以色彩的高度凝练和造型的简洁，在满足功能前提下，描绘出最丰富的动人空间。简约风格在设计上更加强调功能、结构和形式的完整，用简洁的表现形式来满足人对空间环境的合理需求，是当今国内外最为流行的设计风格之一。

特点：

◆ 强调功能性设计，线条简约流畅，色彩对比强烈。

◆ 空间简约、实用，简约而不简单。

◆ 提倡形式上非装饰的简单几何造型。

◆ 金属材质是简约风格当中的最有力手段。

◎5.2.1 极简风格的室内设计

极简风格崇尚简洁、明快的特点。追求的是一种纯粹、直接的艺术效果。例如，本作品的客厅设计，统一的白色为主，少许的黄、黑、灰颜色的搭配，保持形式的完美，杜绝了一切繁杂的干扰。

设计理念：形式简约、追求单一，不过多地装饰，强调整体统一，呈现一种宁静的美感。

色彩点评：餐厅采用黑白灰的手法，就餐时使人心情放松、平静，营造出超凡脱俗的室内环境。

❶空间色调按照"减少"的原则，凸显出空间深层次的魅力。

❷精心挑选的白色镂空花灯，它的独特渲染空间气氛，体现出主人的个性品位。

RGB=10,20,80 CMYK=5,3,2,0
RGB=175,113,77 CMYK=39,63,73,1
RGB=118,114,117 CMYK=62,55,50,1
RGB=6,9,16 CMYK=93,88,80,73

本作品适合事业压力大的年轻人居住。简单的环境，不拘小节、没有约束。较少的装饰，体现出本身的质感与美感。

RGB=20,44,52 CMYK=92,78,68,48
RGB=247,247,247 CMYK=4,3,3,0,
RGB=207,233,248 CMYK=23,3,3,0
RGB=196,200,191 CMYK=28,18,25,0
RGB=31,28,27 CMYK=82,80,79,64

室内大面积运用黑、白、灰，矮小的壁炉墙成为客厅与厨房的划分，使空间感觉更宽阔外，再加蓝色恰到好处的点缀，给空间营造出一丝温馨气息。

RGB=25,25,25 CMYK=85,80,79,66
RGB=224,224,224 CMYK=14,11,11,0
RGB=148,151,150 CMYK=48,38,37,0
RGB=18,69,161 CMYK=95,79,4,0
RGB=202,141,51 CMYK=27,51,87,0

◎5.2.2　优雅风格的室内设计

优雅风格多采用温馨简单的颜色及朴素的家具，强调比例与色彩的和谐。例如，本作品整个风格显得十分随意、自然，不造作的装修及摆设方式，给空间营造出恬静、优雅的氛围。

设计理念：设计上更加强调结构与形式的完整，运用最少的设计语言，表达最深的内涵。

色彩点评：以色彩高度凝练和造型极度简洁，获得丰富动人的空间效果。

🔘删繁就简的空间，给人一种简单明快的自然感觉。

🔘纯白沙发显得非常简约时尚，外加与大小不一的球形吊灯的搭配，使空间更加立体化。

🔘灯具器皿均以简洁的造型、纯洁的质地为特征，强调形式更多的实用功能，给自己一个放松身心的空间。

- RGB=242,244,247 CMYK=6,4,2,0
- RGB=85,86,80 CMYK=71,63,66,18
- RGB=78,64,46 CMYK=68,69,83,38
- RGB=201,35,41 CMYK=27,97,91,0

少即是多。本作品以宁缺毋滥为精髓，合理地简化居室，从简单舒适中体现精致。

- RGB=9,5,4 CMYK=89,86,87,77
- RGB=246,244,243　CMYK=4,5,5,0
- RGB=111,56,26 CMYK=54,81,100,32
- RGB=215,196,180 CMYK=19,25,28,0
- RGB=172,144,123 CMYK=39,46,50,0

白色的天花与褐色木质地板交相辉映，再与环形蜡式吊灯高度融合，使整个空间明亮又不刺目。

- RGB=120,115,111 CMYK=61,55,54,29
- RGB=245,245,243 CMYK=5,4,5,0
- RGB=147,118,110 CMYK=51,57,54,1
- RGB= 140,95,64 CMYK=51,67,80,10
- RGB=2,3,13 CMYK=94,91,81,74

简约风格设计技巧——为室内添加一抹黄色

　　简约风格追求的是实用性和灵活性，不采用过多的修饰，以精致简约的装修效果而取胜，为现代人展现更温馨舒适的居住空间。

简约的客厅一抹黄色成了空间画龙点睛之笔，摆脱了纯净单一的视觉效果。

黄色在阳光中独立的功能越发令人印象深刻。

色彩饱和的黄色把温暖灌输给空间起到一个缓冲的效果。

配色方案

双色配色　　　　　　　　三色配色　　　　　　　　五色配色

简约风格设计赏析

5.3 欧式风格

欧式风格最早来源于埃及艺术，以柱式为表现形式。主要有法式风格、洛可可风格、意大利风格、西班牙风格、英式风格、北欧风格等几大流派。欧式风格主要应用在别墅、酒店、会所等项目中，体现高贵，奢华、大气等气势。

特点：

◆ 强调以华丽的装饰、浓烈的色彩，获得华贵的装饰效果。

◆ 客厅多数运用大型吊顶灯池。

◆ 多以圆弧形做门窗上半部造型，并用带花纹的石膏线勾边。

◆ 空间面积大，精美的油画与雕塑工艺品是不可缺少的元素。

◎5.3.1 奢华风格的室内设计

奢华风格的室内设计大量采用白、乳白与各类金黄、银白有机结合，形成特有的豪华、富丽风格。例如，本作品的客厅设计色彩庄重，空间气氛宁静而雅致。

设计理念：采用穹顶和帆拱结合的天花、精益求精的雕刻和线条简洁的沙发完美地结合，呈现出一种惬意浪漫的意境。

色彩点评：大量暖色的运用再由少许冷色点缀，使视觉感官更饱满。

🔵❶水晶吊灯的装饰，让客厅更加奢华气派。

🔵❷空间大量使用石膏、镀金来装饰，呈现出气势磅礴的景象。

🔵❸古老的地毯与空间暖色交相辉映，使空间更加丰富饱满。

RGB=248,248,248 CMYK=3,3,3,0
RGB=200,121,42 CMYK=27,61,91,0
RGB=38,20,8 CMYK=75,83,93,69
RGB=79,118,29 CMYK=75,46,100,6

设计师采用米色与土黄色搭配，营造出一个温馨的空间，无论是就餐还是聊天都会让人们感到舒适无比。

RGB=232,206,157 CMYK=13,22,42,0
RGB=186,134,77 CMYK=34,53,75,0
RGB=216,187,47 CMYK=23,27,87,0
RGB=254,254,254 CMYK=0,0,0,0
RGB=139,61,21 CMYK=48,84,100,18

空间采用大量的石膏打造墙体，奢华的水晶吊灯、纤细的曲线装饰，庄重典雅，使整个风格充满强烈的动感效果。

RGB=234,233,226 CMYK=10,8,12,0
RGB=164,203,202 CMYK=41,11,23,0
RGB=94,78,45 CMYK=64,65,90,28
RGB=223,124,5 CMYK=16,62,98,0
RGB=123,107,71 CMYK=58,57,78,9

◎5.3.2 尊贵风格的室内设计

尊贵风格体现出浑厚的特点，具有丰富的艺术底蕴，开放、创新的设计思路。从简单到烦琐，从局部到整体，精雕细琢，给人尊贵优雅的印象。例如，本作品以柱式拱形门、天花的油画及墙面肌理的构造，给人强烈的传统历史痕迹。

设计理念：强调表面装饰，善于运用透视原理和细密绘画手法。

色彩点评：本作品采用华丽的色彩，使室内外色彩鲜明，光影变化丰富。

🔵 运用明黄色来渲染空间，营造出富丽堂皇的效果。

🔵 仿古地砖的运用，强调了空间的稳重与舒适。

🔵 纹理鲜明的墙面增加了浴室的艺术气息。

RGB=235,139,27 CMYK=10,56,91,0

RGB=120,76,5 CMYK=55,71,100,23

RGB=160,172,160 CMYK=44,27,38,0

RGB=38,8,0 CMYK=75,90,94,71

该作品以白色为主色调，华丽、典雅中透着高贵。门窗上半部多采用圆弧形，并带有花纹的石膏线勾边。蕴含西方文化的灯饰，泛着影影绰绰的灯光，有效地烘托出空间的豪华。

整个居室采用对称空间设计手法，石膏线勾边、入厅口的两个罗马柱、室内的壁炉、浓烈的色彩、精美的造型，构造出一种雍容华贵的空间形象。

RGB=4,2,1 CMYK=91,87,88,79

RGB=237,241,242 CMYK=9,4,5,0

RGB=215,220,222 CMYK=19,11,11,0

RGB=63,39,27 CMYK=68,79,88,55

RGB=160,86,49 CMYK=44,75,90,7

RGB=185,120,26 CMYK=35,60,100,0

RGB=55,35,3 CMYK=71,78,100,59

RGB=17,6,2 CMYK=85,87,88,76

RGB=242,239,232 CMYK=7,7,10,0

RGB=42,52,8 CMYK=80,67,100,52

欧式风格设计技巧——巧夺天工的墙体设计

首先，选择家具时应与硬装修上的欧式细节相呼应；其次，选择较有特色的吊灯，用金色或黄色、线条烦琐比较厚重的画框来装饰；最后，配色采用大量的白色、淡色为主。地板尽可能地采用石材进行铺设，这样会显得大气。

白色石膏的建筑笼罩在金色的氛围里，呈现出富丽堂皇的空间效果。

柜子采用简洁的线条，镀金勾边，呈现出高贵典雅的"气质"。

反拱形的天花、精湛的墙体雕花，简易的空间布局显得更加宽敞大气。

配色方案

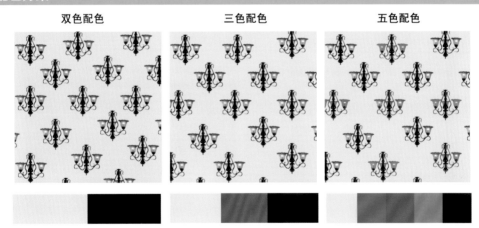

双色配色　　　　　三色配色　　　　　五色配色

欧式风格设计赏析

5.4 美式风格

美式风格，顾名思义就是源自于美国的装饰风格。美式风格摒弃了过多的烦琐与奢华，是美式生活方式演变到今日的一种形式。随意不羁的生活方式，没有太多的装饰与约束，又能寻找文化根基，大气又不失随意的风格。

特点：

◆ 简洁明快，通常用大量的石材和木饰。

◆ 讲究阶段性空间摆饰。

◆ 家居自由随意、简洁怀旧、舒适实用。

◆ 注重壁炉与手工装饰，追求天然随性。

◎5.4.1　怀旧风格的室内设计

怀旧风格崇尚自然，造型典雅。虽略带岁月的沧桑感，但生活的舒心和自由才是核心。例如，本作品深色的基调透着厚实感，复古家具、地毯以及鹿头装饰品给空间起到画龙点睛的作用。

设计理念：重现历史，运用古老的家具，特殊代表性的装饰，形成统一的布局。

色彩点评：橄榄绿与土黄色交织，纹理清晰，再搭配白色帆拱的吊顶，一个温馨庄重的空间立刻呈现。

1古色古香的座椅高贵、舒适。

2赭石色古老花纹的地毯富有温馨神秘感。

3大面积玻璃门，使空间采光既充足又温馨。

RGB=245,242,238 CMYK=6,6,7,0
RGB=125,108,78 CMYK=58,57,74,7
RGB=95,35,0 CMYK=56,88,100,44
RGB=26,22,16 CMYK=82,80,86,69

窗户上半部采用拱弧形，既拉伸了空间又便于室内采光。桌、椅、柜，采用褐色实木精心雕刻而成，营造出华美浪漫的空间。

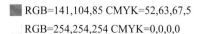

■ RGB=141,104,85 CMYK=52,63,67,5
　RGB=254,254,254 CMYK=0,0,0,0
■ RGB=59,48,46 CMYK=74,76,74,48
■ RGB=159,103,80 CMYK=45,66,70,3
■ RGB=106,46,46 CMYK=56,87,79,34

在这样被窗户环绕的餐厅就餐，犹如"四面楚歌"无法逃出阳光笼罩的温馨。

■ RGB=110,64,40 CMYK=56,76,90,30
　RGB=245,243,242 CMYK=5,5,5,0
■ RGB=50,32,22 CMYK=72,80,88,61
■ RGB=79,83,110 CMYK=78,71,46,6
■ RGB=66,97,56 CMYK=78,54,92,18

◎5.4.2　乡村风格的室内设计

乡村风格有务实、规范、成熟的特点。线条简单、体积粗犷，以享受淳朴为最高原则。本作品采用实木与石头做空间装饰，保持木材和石质原有的纹理和质感。

设计理念："回归自然"，运用天然木、石材质，创造自然、简朴的高雅氛围。

色彩点评：大块的板石色和褐色的运用营造出悠闲舒适的空间。

❶采用棕褐色有肌理的木板，使阳光与灯光照射不反光。

❷木质工艺的窗户，造型简单不烦冗。

❸壁炉是烘托空间温馨的最重要元素。

RGB=142,139,132 CMYK=51,44,46,0

RGB=142,62,71 CMYK=50,86,67,12

RGB=104,66,43 CMYK=58,74,88,31

RGB=70,93,73 CMYK=77,56,75,18

乡村风格的居室非常重视生活自然舒适性，本作品充分显现乡土风情。各种花卉的装饰使空间带有浓烈的大自然韵味。

■ RGB=117,77,49 CMYK=56,71,87,23

　RGB=237,236,232 CMYK=9,7,9,0

■ RGB=98,108,121 CMYK=70,57,46,1

■ RGB=212,165,145 CMYK=21,41,40,0

■ RGB=175,69,51 CMYK=38,85,87,3

本作品不只是坚守某种固定的外观，而是灵活地在空间营造属于自己的乡村味道。

■ RGB=118,54,27 CMYK=52,84,100,29

■ RGB=161,127,92 CMYK=45,53,67,0

　RGB=255,234,219 CMYK=0,13,14,0

■ RGB=147,39,29 CMYK=46,96,100,16

■ RGB=21,13,16 CMYK=85,86,82,72

美式风格设计技巧——色彩饱和的沙发

美式风格的自然简约，符合年轻人的追求。使用装饰画点缀空间，让仿古艺术品体现出现代文化气息。古典高雅的壁灯，自然清新的植物，使空间呈现深邃的文化艺术气息。

黄色是快乐的色调，可以给空间带来活力和温暖。

一种莴苣和淡绿茶的味道，让你的空间更具新鲜感。

引人注目的色调元素，使你的房间脱颖而出。

配色方案

双色配色　　　　　三色配色　　　　　五色配色

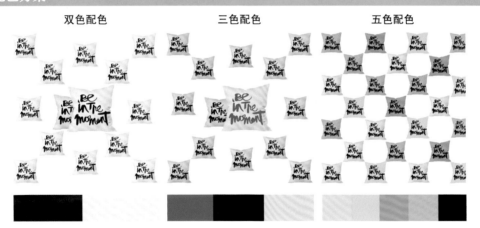

美式风格设计赏析

5.5 地中海风格

地中海风格由于受到地中海特有地貌的影响，海洋元素较多。地中海风格具有大胆、明亮、简单、民族性等鲜明的特色，不需要太大的技巧，保持简单的原理捕捉光线，取材大自然，大胆而自由地运用色彩样式。地中海风格的线条构造形态，大多不修边幅，给人浑然天成的感觉，显得更加自然。

特点：

◆ 较多拱形的构造来延伸透视感。

◆ 结合海与天创造出完美的色彩饱和。

◆ 不规则线条显得更自然。

◆ 空间多采用木质家具、陶或石板的地面、棉织品的沙发为主。

◎5.5.1 自然风格的室内设计

自然风格倡导"回归自然"。结合自然，使人们能取得生理和心理的平衡，难以忘怀自然元素中诱人的简洁与单纯。例如，本作品高挑的空间，淡蓝色的环境塑造舒适简约的氛围。

设计理念：纯正天然的色彩，撇开世俗的烦恼，回归原生态，把休闲当作一种生活态度。

色彩点评：空间把各种深浅色调的自然色进行搭配，打破居室的单调沉闷感。

❶造型简单的家具，营造清新爽朗的空间。

❷蓝、白色为主的居室看起来更明亮悦目。

❸白玫瑰在空间的装点，凸显纯洁高贵的景象。

RGB=224,236,235 CMYK=15,4,8,0
RGB=81,119,122 CMYK=74,49,50,1
RGB=169,174,160 CMYK=39,28,37,0
RGB=56,33,17 CMYK=69,80,95,60

客厅、厨房的一体化，使空间范围增大，而设计重点在于"杂"得有理，"乱"得稳重，使空间丰富多彩。

■ RGB=121,87,63 CMYK=57,67,78,17
□ RGB=239,246,238 CMYK=9,2,9,0
■ RGB=96,175,170 CMYK=64,17,38,0
■ RGB=47,6,6 CMYK=70,94,93,68
■ RGB=197,170,148 CMYK=28,36,41,0

简洁的空间，用白色背景，蓝色柜子细腻而传神的刻画，对空间气氛渲染得恰到好处，虽不华丽，但却清新秀逸。

■ RGB=4,102,116 CMYK=89,56,51,5
□ RGB=239,239,239 CMYK=8,6,6,0
■ RGB=159,104,45 CMYK=45,65,94,5
■ RGB=15,15,15 CMYK=88,83,83,73
■ RGB=125,121,122 CMYK=59,52,48,0

◎5.5.2　清爽风格的室内设计

清爽风格的室内设计强调空间整体效果的清新、简约、大气，主要运用清新的色彩和精致的装饰搭配而成，使居住者产生自然舒适、宽敞明亮的居住体验。

设计理念：通过青色的沙发、桌面上的摆饰和植物的搭配营造出了一种自然、浪漫的视觉感受。

色彩点评：该作品以清淡的颜色来凸显青色的清脆和伶俐，使其成为整个空间的点睛之笔。

🌀门口上方拱形的玻璃窗拉伸了整体的空间感，能够使更多的阳光透进室内，增强空间的温馨感。

②实木纹理地板为空间增加一丝沉稳的气息，避免了过多浅颜色带来浮躁的感觉。

③茶几和沙发对称式的摆放协调统一，使其在变化多端的装饰品摆放中脱颖而出，从而凸显清爽的搭配风格。

RGB=227,229,234 CMYK=6,4,1,0
RGB=87,71,62 CMYK=67,69,72,29
RGB=155,147,127 CMYK=46,41,50,0
RGB=50,104,119 CMYK=83,55,48,2

令人神往垂涎的地中海风情，小清新颜色和浪漫情调抓住年轻人的心，在就餐时可感受白与蓝的交错之美。

RGB=166,189,203 CMYK=41,21,17,0
RGB=241,244,245 CMYK=7,4,4,0
RGB=128,138,129 CMYK=57,42,48,0
RGB=73,151,163 CMYK=72,30,36,0
RGB=108,69,38 CMYK=57,73,94,29

浅浅的色彩、洁净的清爽感，使居室空间得以降温，呈现出舒适的气氛。

RGB=58,38,25 CMYK=70,78,89,57
RGB=201,233,222 CMYK=26,0,18,0
RGB=114,125,145 CMYK=63,50,35,0
RGB=239,229,219 CMYK=8,11,14,0
RGB=193,123,71 CMYK=31,60,76,0

地中海风格设计技巧——蓝、白色的墙体

地中海风格最突出的表现形式就是色彩丰厚，一般主要色调不要超过3种颜色，否则会让人眼花缭乱。拱形回廊是"地中海风格"中一种重要的表现手法，但不宜过多，点到为止起到点缀作用就好。灯光、材质搭配也要注重统一，因为这种风格贴近自然，应选用柔和的暖色调，和家具最好能相呼应。

浅蓝色与白色搭配的墙体，轻盈曼妙，令居住者拥有浪漫的生活享受。

白灰与蔚蓝色的泥墙，连接着拱门，营造出一种蔚蓝色的浪漫情怀与艳阳高照的纯自然美。

直逼自然的柔和蓝色与白色的搭配空间，给居住者神清气爽的感受。

配色方案

双色配色　　　　　三色配色　　　　　五色配色

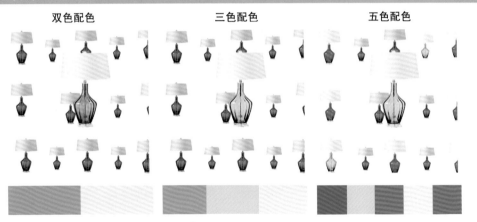

地中海风格设计赏析

5.6 新古典风格

　　新古典主义风格的设计是经过优化改良的古典主义风格。从简单到烦琐、从整体到局部，崇尚古风、理性和自然；注重塑造性与完整性。更是一种多元化的思考方式，将怀古的浪漫情怀与现代人的生活需求相结合，别有一番尊贵的感觉。

特点：

◆ 用现代手法和材质还原古典气质，具有"形散神聚"的特点。

◆ 讲究风格，追求神似。

◆ 简化的手法、现代的材料，追求传统样式。

◆ 重视装修效果，运用历史文脉特色，烘托室内环境气氛。

◆ 常用金色、黄色、暗红色做主色调，少量的白色使空间更加气度非凡。

◎5.6.1 高贵风格的室内设计

高贵风格承载古典的厚重，适度简化古典装饰，线条更加刚劲简洁，整体布局精雕细琢，给人一丝不苟的印象。例如，本作品中，秩序、对称和均衡几乎成为构图的主导因素，体现出逻辑与审美的趣味。

设计理念：褐色与黄色为主色调，少量白色的点缀，使空间宽敞大气。

色彩点评：精心雕刻的白色吊顶与吊灯和谐相处，缓解了空间的严肃气氛。

🔘深色实木的装饰，古意盎然，为出众的华贵增添了更多内涵。

🔘局部对称与经典完美结合富有高贵韵味。

🔘碎花地毯与沙发相互融合，体现的不仅仅是选择，更是一种生活态度。

RGB=251,237,221 CMYK=2,10,15,0
RGB=56,26,16 CMYK=68,85,92,62
RGB=122,40,45 CMYK=51,93,83,27
RGB=153,77,17 CMYK=46,77,100,11

古典却没有古风的烦琐和严肃，让人感觉庄重和恬静，使人在空间中得到精神上的放松。

RGB=135,136,130 CMYK=54,44,46,0
RGB=242,236,226 CMYK=7,8,12,0
RGB=20,15,10 CMYK=85,83,88,73
RGB=113,75,54 CMYK=57,71,81,24
RGB= 184,178,133CMYK=35,28,52,0

厨房里色彩强烈的反差，与同时大量运用晶莹剔透的吊灯、顶灯，增加了空间的通透感和品质感。

RGB=163,126,107 CMYK=44,55,57,0
RGB=247,244,240 CMYK=4,5,6,0
RGB=165,156,139 CMYK=42,38,44,0
RGB=32,70,21 CMYK=86,60,100,39
RGB=128,112,104 CMYK=58,57,57,3

◎5.6.2 雅致风格的室内设计

雅致风格去掉现代风格烦琐的装饰配件，采用古典的实木搭配，注重体现颜色，重视搭配和谐为主。例如，本作品雕刻的天花与地板，再配上精致的吊灯，空间显得精美温馨。

设计理念：简化的线条、自然的材质，给人感觉庄重严肃。

色彩点评：大量白色与赭石的搭配，让整个生活氛围舒适惬意。

❶抛光的木材有着富丽温馨的色彩，让整个空间更加融洽。

❷精致的白色雕花墙壁装点空间更加温馨舒适。

❸精美的水晶灯点缀，使空间更加温和。

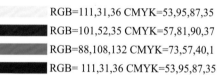

RGB=111,31,36 CMYK=53,95,87,35

RGB=101,52,35 CMYK=57,81,90,37

RGB=88,108,132 CMYK=73,57,40,1

RGB= 111,31,36 CMYK=53,95,87,35

经典与现代的激情碰撞，大胆的革新是我们不停寻找的平衡点。通过流畅的线条和典雅的配色突显出整体的优雅与精致。

RGB=173,114,56 CMYK=40,62,87,1

RGB=242,241,240 CMYK=6,5,6,0

RGB=33,27,29 CMYK=82,81,77,64

RGB=37,160,227 CMYK=73,26,2,0

RGB=184,91,130 CMYK=36,76,31,0

以旧曲新唱的巧妙构思，把高雅的情趣和潇洒而精巧的现代手法融为一体，复活了新古典主义雅致风格的精神。

RGB=201,165,111 CMYK=27,38,60,0

RGB= 237,235,234 CMYK=9,8,8,0

RGB=67,43,23 CMYK=67,77,95,53

RGB=24,44,61 CMYK=93,82,63,41

RGB=18,44,22 CMYK=88,68,99,58

新古典风格设计技巧——实木家具

在新古典主义中客厅模式是重要的元素，家居的创意是精髓所在；新古典主义崇尚舒适没有复杂的隔断，营造充满人性的亲和感。

日光普照在浅棕色的空间，不会使人眼睛晕眩，反而会使空间锋芒毕露，让人眼前一亮。

实木家具环绕整个空间，让居住者神清气爽，具有接近自然的感受。

合理运用实木挑高空间的范围，完美的划分，充分丰富家庭故事。

配色方案

双色配色　　　　　　三色配色　　　　　　五色配色

新古典风格设计赏析

5.7 东南亚风格

东南亚风格是一种结合了东南亚民族岛屿特色及精致文化特色的家居设计风格。广泛地运用木材和其他天然原材料，简单利索的规划，大气优雅为主。这种风格原始自然、色泽鲜艳、崇尚手工。设计以不矫揉造作的手法，演绎出原始自然的热带风情。

特点：

◆ 色彩斑斓高贵，以宗教浓郁色彩为主，如棕色、黑色、金色。

◆ 暖色的布艺饰品点缀，线条简洁凝重，祥瑞的花纹，值得品味。

◆ 取材自然，纯天然的材质散发着浓烈的自然气息。

◆ 生态装饰，多采用藤草、椰子壳、果核等做装饰品。

◆ 常用金色、黄色、暗红色做主色调，少量的白色使空间更加气度非凡。

◉5.7.1 民族风格的室内设计

民族风格是一个民族经过长期发展而形成的特有风格，集合了民族习俗、艺术传统等。例如，本作品玄关处简单利索的规划，宽阔的空间，大气优雅的客厅，一切显得都那么和谐。

设计理念：原始自然、色泽鲜明，营造出浓郁的热带风情。

色彩点评：以典雅的白色为主色调，以中性色彩搭配，局部点缀艳丽的红色，不失热情华丽。

🌀 露天阳台上的实木桌椅与植物搭配，完美地与自然融为一体。

🌀 盆景的增添使平淡的空间焕然一新。

RGB= 250,250,250 CMYK=2,2,2,0
RGB=109,53,18 CMYK=55,82,100,34
RGB=136,23,31 CMYK=48,100,100,22
RGB=117,158,61 CMYK=62,27,92,0

本作品采用黄金柚的家具，线条简洁凝练，抱枕与地毯的祥瑞花纹，带来南亚浓重的盛夏气息。

■ RGB=252,95,24 CMYK=0,76,89,0
■ RGB=236,230,230 CMYK=9,11,8,0
■ RGB=57,39,27, CMYK=71,78,87,56
■ RGB=1,164,0 CMYK=78,13,100,0
■ RGB=201,95,77 CMYK=27,75,68,0

空间充分运用材质特点，精美的布艺抱枕，与对称沙发搭配，内敛又富有创新，传达出舒适与平衡的视觉理念。

■ RGB=253,208,153 CMYK=2,25,43,0
■ RGB=104,40,15 CMYK=54,88,100,39
■ RGB=170,59,30 CMYK=40,89,100,5
■ RGB=75,46,36 CMYK=65,78,83,48

◎ 5.7.2 浓郁风格的室内设计

　　浓郁风格的设计注重色彩的鲜明浓郁，表现手法明确，直击主题。作品舒适实用、贴近生活，体现悠然安逸的生活环境。作品中浓郁的褐色，鲜明的红色点缀，使空间感温馨舒畅。

设计理念：原始的实木与石质，更加贴近自然。

色彩点评：褐色、棕色与褐红色的搭配，彰显和谐融洽的氛围。

❶红色条格的地毯与红色沙发演绎出原始自然的热带风情。

❷壁炉火光微微闪耀，散发着淡淡的温馨与悠悠的神韵。

❸木质的吊灯凸显民族特色。

- RGB=123,2,17 CMYK=50,100,100,30
- RGB=79,30,24 CMYK=60,89,90,52
- RGB=150,72,34 CMYK=46,80,100,12
- RGB= 134,100,76 CMYK=53,63,72,8

　　简洁随意的构造，精雕细琢的圆角柜子，手工织制的布帘，体现出空间沉稳的华贵气息。

- RGB=284,235,226 CMYK=3,10,11,0
- RGB=133,54,47 CMYK=50,88,85,21
- RGB=181,131,120 CMYK=36,55,48,0
- RGB= 5,1,0 CMYK=91,88,88,79
- RGB=62,57,46 CMYK=74,70,79,44

　　回字桌简洁的线条，犹如行云流水，别致精巧，精巧的刺绣抱枕，使空间高雅的品位自然流露出来。

- RGB=159,34,28 CMYK=43,98,100,11
- RGB=45,30,16 CMYK=74,80,93,64
- RGB=88,45,31 CMYK=59,82,90,44
- RGB=153,139,124 CMYK=47,45,50,0
- RGB=251,197,167 CMYK=1,31,33,0

东南亚风格设计技巧——精美的民族特色布艺

选用东南亚风格设计空间，要注意选材自然、样式朴素，讲究绿色环保。以下作品明朗大气的设计避免了压抑感。

多彩缤纷的布艺造型的点缀，避免了家具单调气息，使空间气氛活跃。

考虑到空间的长度和宽度，运用具有民族特色的地毯延续空间宽阔的视觉感。

精致的手工抱枕，巧妙地点缀空间，成功地起到了画龙点睛的作用。

配色方案

双色配色　　　　　三色配色　　　　　五色配色

东南亚风格设计赏析

5.8 田园风格

　　田园风格分为英式田园、美式田园、中式田园等，以园圃特有的自然特征为形式手段，带有一定的乡间艺术特色。英式田园多以奶白色、象牙白为主，细致的线条和高档的油漆处理清新脱俗；美式田园风格在环境中表现悠闲舒适的田园生活；中式田园多以丰收的颜色为主色调，删减多余的雕刻，糅合家具的舒适。田园风格的共同特点就是回归自然。

　　特点：

◆ 朴实、亲切、实在，贴近自然，向往自然。

◆ 多以天然木，绿色盆栽做装饰，布艺、碎花、条纹等图案为主调。

◆ 空间明快鲜明，多以软装为主，要求软装用色统一。

◎5.8.1 清新风格的室内设计

质朴高雅的清新风格，在室内环境中力求表现悠闲舒适的田园生活情趣，追求一种清新脱俗、悠闲安逸的生活。

设计理念：以简单的手法，素雅的方式，营造纯净的效果。

色彩点评：新鲜的黄绿色，素雅的装饰让人感受到整个空间的清爽宜人。

❶嫩绿色沙发小鸟依人的姿态，使空气变得纯净、清爽。

❷超凡脱俗的郁金花，使整个空间更加生机勃勃。

❸装饰一幅抽象画为客厅增加了一丝艺术神韵。

RGB=253,254,249 CMYK=1,0,4,0

RGB=180,180,112 CMYK=37,26,64,0

RGB=232,202,137 CMYK=13,24,51,0

RGB=45,45,45 CMYK=80,75,73,50

田园风格客厅的清新的色彩搭配，给人带来一种大自然的亲切感受。

RGB=232,223,176 CMYK=13,12,37,0

RGB=124,114,40 CMYK=59,53,100,8

RGB=217,199,79 CMYK=23,21,77,0

RGB=84,66,20 CMYK=66,68,100,38

RGB=92,46,12 CMYK=58,81,100,43

甜美梦幻的花房，带来清新爽朗的舒畅感，闲暇时坐在唯美的沙发上，品一杯清新淡雅的花茶，是生活中最惬意的享受。

RGB=216,206,161 CMYK=20,18,41,0

RGB=21,84,40 CMYK=88,55,100,28

RGB=198,135,40 CMYK=29,53,92,0

RGB=234,238,231 CMYK=11,5,11,0

RGB=237,231,205 CMYK=10,9,23,0

◎5.8.2 舒适风格的室内设计

舒适风格的家具设计接近自然、体会自然，根据不同的布置，在生活空间也能创造自己的"世外桃源"。

设计理念：简练的手法，清新的色调，更加平和易接近。

色彩点评：实木家具的隽永质感，颇有优雅生活的质感。

❶ "鲤鱼嬉戏"图案的窗帘，反应丰沛富足的生活景象。

❷ 用天然树枝做盆景，使空间更加富有生机。

❸ 古典与现代手法的空间设计，另有一番舒适田园风味。

RGB=110,124,99 CMYK=65,48,65,2
RGB=114,54,17 CMYK=54,82,100,31
RGB=57,73,0 CMYK=78,61,100,36
RGB=146,158,168 CMYK=49,35,29,0

个性利落的象牙白双列柜，增加了储备功能，粉色碎花沙发的融入，使整体空间更加时尚美观。

RGB=245,235,231 CMYK=5,10,9,0
RGB=165,10,31 CMYK=42,100,100,0
RGB=194,167,110 CMYK=31,36,61,0
RGB=222,149,169 CMYK=16,52,20,0
RGB=22,12,10 CMYK=83,85,86,74

嫩黄色的墙体，突出小家碧玉的梦幻之感，既温馨又唯美。

RGB=251,240,114 CMYK=8,4,64,0
RGB=250,244,234 CMYK=3,6,10,0
RGB=193,135,72 CMYK=31,53,77,0
RGB=114,94,59 CMYK=60,62,84,16
RGB=27,2,0 CMYK=80,90,89,75

田园风格设计技巧——墙体颜色的妙用

　　田园风格主要体现悠游自在的风格，但不要把田园风格想得太单一。吊顶一般选用原木来做，现在也能选用石膏、铝合金，但最好选用原木突出格调清婉惬意，外观雅致休闲，线条随意但注重干净干练，充分体现人与自然完美和谐的交流。

橘色的墙面给空间一个秋天的颜色，带来无尽暖暖的感受。

绿色墙体像夏天成熟的花园，嫩绿色与玫瑰色彰显空间的新鲜感。

柔和的绿色和纯净的白色，可以治愈感官的超载。

配色方案

双色配色　　　　　　三色配色　　　　　　五色配色

田园风格设计赏析

5.9 混搭风格

　　混搭风格将古今文化内涵完美结合成一体，充分利用空间形式材料，多种元素共存，各种风格兼容，选取不同的视觉、触觉、交织融合，使混搭的元素完美结合。"混搭"不是百搭，绝不是生拉硬配，而是和谐统一、百花齐放、相得益彰、杂而不乱。

　　特点：

◆ 风格一致，形态、色彩、质感各异。

◆ 色彩不一，形态相似的家具。

◆ 比较繁杂，家居配饰样式较多。

⦿5.9.1 融合风格的室内设计

融合风格使空间风格不再孤立，是一个不断发展和互相融合的整体，使室内更加完善，诠释出特有的神韵，营造出独特的魅力。

设计理念：理性功能范畴的景象、繁杂均衡的景象。

色彩点评：色彩饱和的红、黄、蓝搭配，使作品的艺术品格极具品味，令空间的层次得到升华。

🟠 色彩鲜艳的构造突破旧传统带来的美，使居住者享受心灵的放松。

🟡 粉红色的沙发构造简单，又拉开了空间的层次感。

🔵 几何形的家居装饰，单纯完整，完全没有令人眩晕之感。

- RGB=156,139,0 CMYK=49,44,100,1
- RGB=48,120,126 CMYK=82,47,50,1
- RGB=254,0,0 CMYK=0,96,95,0
- RGB=234,0,56 CMYK=8,98,73,0

"形散神不散"的表现手法，看上去各种风格并存在一个空间，既拥有古典的唯美又具现代的知性美感。

- RGB=106,72,50 CMYK=59,71,84,28
- RGB=251,254,237 CMYK=2,5,8,0
- RGB=172,103,28 CMYK=40,67,100,2
- RGB=56,46,42 CMYK=74,75,76,50
- RGB=228,207,201 CMYK=13,22,18,0

本作品的设计理念和设计情节的多元化，以及个性化特征无可置疑地凸显出来。手法大胆独特，注重室内空间与外部的对话。

- RGB=119,3,8 CMYK=51,100,100,33
- RGB=77,66,62 CMYK=71,71,70,33
- RGB=1,10,9 CMYK=92,85,86,76
- RGB=99,130,184 CMYK=68,47,13,0
- RGB=61,19,5 CMYK=65,90,100,62

◎ 5.9.2 新锐风格的室内设计

新锐风格的家居设计能创造功能性合理、舒适优美的空间，极大地满足人们物质上与精神生活上的需求。寻觅到"疏朗简朴"的影子，赋予空间无限的生命力。

设计理念：充分考虑到人的心理需求，不断延伸室内设计的内涵。

色彩点评：褐色实木与白色石砌搭配，以呼应天花。木质的茶桌，使空间接近自然的和谐。

❶空间设计注重简洁，更注重创意，表现出多元化的朴素风格。

❷落地窗和开放式的居室，挑高延伸了空间的范围。

❸生活在这样和谐秀美的环境，心情自然会轻松愉快。

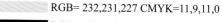

RGB= 232,231,227 CMYK=11,9,11,0

RGB=46,35,31 CMYK=76,78,80,59

RGB=144,128,120 CMYK=51,51,50,0

RGB=210,159,114 CMYK=22,43,57,0

本作品的构造强烈地反映出空间特征，蓝色沙发与实木沙发的对称，具有一种和谐的亲和力。

RGB=35,78,139 CMYK=91,75,25,0

RGB=235,237,242 CMYK=9,7,4,0

RGB=71,42,34 CMYK=66,80,83,50

RGB=58,82,34 CMYK=79,58,100,30

RGB=152,148,147 CMYK=47,40,38,0

本作品注重内部细节的表现，高度提倡少即是多的设计原则，不同特色的构造，简单而不单调。

RGB=139,15,27 CMYK=47,100,100,21

RGD= 232,238,238 CMYK=11,5,7,0

RGB=199,202,205 CMYK=26,18,17,0

RGB= 162,162,90 CMYK=45,33,73,0

RGB=137,62,41 CMYK=49,84,93,19

混搭风格设计技巧——空间造型的巧妙

"混搭"不只是把风格集中融为一体，而是要选定一个主要的风格，只有主次分明才能更好地把整体空间变得更时尚、更华丽。但切记，混搭不是乱搭。

造型各异的装饰，使空间不再单调乏味。

开放式空间令居室简洁，生活节奏也得到提升。

空间搭配合理且秩序感强，各种元素混合搭配，丰富时尚。

配色方案

双色配色　　　　　　三色配色　　　　　　五色配色

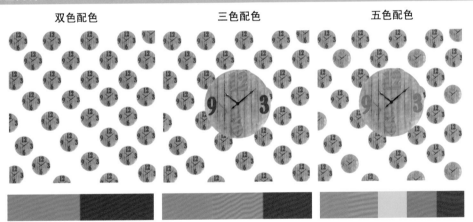

混搭风格设计赏析

5.10 LOFT 风格

  LOFT 风格是一种独特的设计风格，它拥有着独特的设计领域，空阔空间能将生活演绎得更为精彩。LOFT 风格是开放式的空间，虽无较强的隐私性，却富有丰富的生活节奏，时尚前卫的气息很受广大年轻人的青睐。

特点：

◆ 高大宽敞的空间。

◆ 开放性的全方位组合空间。

◆ 多是复式或阁楼的结构形式。

◆ 无须过多的装饰，喜欢随性的艺术美感。

◎5.10.1 素雅的 LOFT 风格室内设计

素雅的 LOFT 风格空间具有非常大的灵活性，可以根据自己所向往的去创造自己的家居生活世界，使空间富有审美的乐趣。

设计理念：本作品是小复式形式的空间设计，采用独立的梯子连接上下的空间，使空间整体构成有效的连接。

色彩点评：空间使用白色为主色调，运用绿色来调和，棕红色作为沉稳的铺垫，由浅到深的渐入带来了良好的视觉感。

🔅卧室的窗户采用半拱形与方形结合而成。把窗体的面积加深扩大，能够让室内拥有充足的阳光。

🔅床体采用层次叠加的形式，上下白色中间红色，使床体看起来既美观又有立体感。

🔅木质的吊灯与墙体挂着的木质鹿头构成了整体空间的衔接，也为室内环境增添了一些自然风情。

RGB=226,225,195 CMYK=15,10,28,0
RGB=127,143,94 CMYK=58,39,71,0
RGB=154,26,18 CMYK=44,99,100,13
RGB=56,24,9 CMYK=68,86,98,63

实木的地板、裸露的砖墙和白色石灰涂抹的墙面构成空间整体框架，让平淡的空间显得更为丰富，而中间装设的木质阁楼更是空间的一大亮点，瞬间升华了空间的质感。

RGB=227,215,206 CMYK=13,17,18,0
RGB=172,103,37 CMYK=40,67,98,2
RGB=154,117,74 CMYK=48,58,77,3
RGB=34,26,26 CMYK=80,81,79,65
RGB=83,33,0 CMYK=59,86,100,50

本作品空间是大型开放格局，将厨房、客厅、卧室融为一体，令整体空间更为饱满，而没有特意去掩盖的管道反而突出空间的纯净自然的魅力。

RGB=226,227,223 CMYK=14,10,12,0
RGB=51,29,14 CMYK=71,81,95,63
RGB=57,60,65 CMYK=80,73,66,35
RGB=242,201,131 CMYK=8,26,53,0
RGB=174,20,31 CMYK=39,100,100,5

◉5.10.2 淳厚的 LOFT 风格室内设计

淳厚的 LOFT 室内设计主要思路就是将空间改造成双层或高挑的空间，这样的装修风格具有较强的流动性，很适合个性独特、追求时尚的年轻人。

设计理念：本作品将卧室打造成上下阁楼的形式，使高挑的空间得以合理运用，也使空间看起来不会空荡、冷清。

色彩点评：空间整体使用白色做主色调，再使用棕褐色的木质增添一抹自然纯朴的气息。

🔘该作品的阁楼用独立的梯子构成上下的连接，可以随处摆放的梯子能够有效地节省空间。

🔘阁楼下部分的床体也是采用与阁楼同种材质的实木，这样的装饰看起来与空间更为融合。

🔘按照墙体的面积打造出恰当的窗户，能够使充足的日光为室内普照出温馨的气息。

RGB=214,216,211 CMYK=19,13,17,0

RGB=128,146,179 CMYK=57,40,20,0

RGB=154,130,110 CMYK=47,51,56,0

RGB=52,32,18 CMYK=71,80,93,61

该作品空间整体使用实木打造，能够很好地吸收阳光，也不会造成强烈的反射，为居住者提供了良好的视觉环境。

■ RGB=148,70,12 CMYK=47,80,100,14

■ RGB=50,48,48 CMYK=79,75,72,48

■ RGB=70,92,108 CMYK=79,63,51,7

■ RGB=118,49,47 CMYK=53,88,81,28

■ RGB=57,50,39 CMYK=74,72,82,49

本作品空间使用实木、裸露的墙砖和透明的玻璃作为空间的环绕墙体，使空间具有返璞归真的气息，也会使居住者有个舒适的心情。

■ RGB=107,90,81 CMYK=64,64,66,14

■ RGB=127,145,155 CMYK=57,39,34,0

■ RGB=40,40,45 CMYK=83,79,71,52

■ RGB=156,88,67 CMYK=45,73,76,6

■ RGB=253,141,1 CMYK=0,57,92,0

LOFT 风格设计技巧——材料本色的特色

LOFT 风格的空间装修既尊重空间原有的样貌，又尽情地发挥材料本身的色调，再用多种元素把不同的空间区域构成严谨协调的环境，营造出清雅时尚的居室。

本作品在玻璃窗上装饰一层根须，获得一种纹理效果，富有较强的艺术气息，也令室内空间犹如森林情景一般充满梦幻。

本作品运用打磨过的实木做浴缸，手感光滑又舒适，再结合天然石墙体，令空间的自然气息更为浓烈。

本作品的卧室空间整体使用棕色的实木环绕，质朴的气息扑面而来，给人形成一种"难舍难分"的留恋情感。

配色方案

双色配色　　　　　　三色配色　　　　　　五色配色

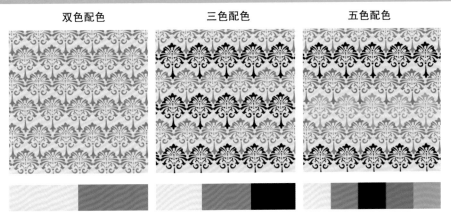

LOFT 风格设计赏析

设计实战：在同一空间尝试不同风格

◎5.11.1　不同风格客厅设计说明

客厅是主人与客人会面的地方，也是房子的门面。客厅的装修风格直接反映出主人的性格喜好、内涵品位、文化素养，可见客厅风格设计的重要性。

一处房子交房后，在空间整体框架不变的情况下，有多种设计风格可供选择。当前最流行的设计风格包括欧式风格、古典风格、地中海风格、现代风格、混搭风格等。

空间特点：

如右图所示为客厅的基本结构，客厅面积为 30 ㎡，其中一侧墙面有两个落地窗，客厅没有过多的复杂结构，空间利用率高。

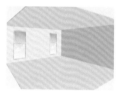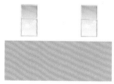

把握风格：

如果不能决定到底哪种风格更适合自己，不如在同一个客厅空间尝试一下不同的风格。

◆　首先，确定空间结构。不仅要考虑空间的家具，而且要首先考虑整个空间的框架设计，比如空间的线条特点、空间的划分特点。

◆　其次，选择适合该风格的颜色搭配。比如，古典风格可选用棕红色和褐色。

◆　再次，选择具有代表性的墙面、地面材质。比如，欧式风格可以在墙面、地面应用大理石。

◆　最后，选择风格明显的家具和配饰。比如，时尚前卫风格的家居就要具有独特、鲜明的表现力。

◉ 5.11.2 不同风格客厅设计分析

精妙的欧式风格客厅	分　析

设计师推荐色彩搭配：

- 本作品是欧式风格的客厅设计，通过优美的线条展现出清新安逸的舒适感，使空间具有审美的价值。
- 想要在家中打造出欧式的奢靡豪华风格，窗帘的挑选是极为重要的，它不仅可以提升你的品位，还能提高家居生活水平，因此在挑选时一定要慎重选择。
- 塑造欧式的空间，软装修更需要一定的小窍门。墙壁纸应具有代表性，家具则是要选择具有特点又能够强调空间动感的，使整体能够具有融合性。

浓郁的古典风格客厅	分　析

设计师推荐色彩搭配：

- 本作品是古典风格的客厅设计，从整体到布局都飘荡着浓郁的厚重感，不仅能够体现出室内的文化底蕴又能凸显出居室主人的尊贵身份。
- 想要提升室内空间的气氛，首先要抓住你所要设计的主题风格特点，再掌握空间摆设的技巧，把家具进行对称搭配，使空间更具整体性，让你在居室生活中体会舒适的温馨感。
- 空间整体使用棕红色的基调装扮客厅，很适合中老年人居住，让居住者在生活中体验历史遗留下的悠久岁月，令生活更能长长久久。

清新的地中海风格客厅	分　析

设计师推荐色彩搭配：

- 本作品是地中海风格的客厅设计，给居住者提供出海风的清凉感，又能让夏日炎热的心情增添一抹清爽。
- 高饱和的蓝色，为空间释放出微妙的海洋味道，使空间展现出浓烈的地域风情。
- 地中海风格本就带有着一种微风拂面的清冷感，倘若在客厅摆放一件鲑红色的地毯，可以使空间感添加暖意，又能提高空间的美观度。

时尚的前卫风格客厅

设计师推荐色彩搭配：

分　析

- 该作品空间使用时尚前卫的装修手法，把空间展现得既简练又不失时尚感。
- 如果想让你的家居生活也变得一样具有前卫时尚感，就要在统一共性的前提下进行大胆的尝试，但切记不要使空间的颜色过于混乱。例如，统一使用低饱和的灰色基调，再增添一抹橘色的点缀，使空间瞬间凸显出来。
- 木质与玻璃融合的茶几再摆放上精美的花束，既可以清新环境，又可以使客厅富有生机盎然的景象。

高明度的简约风格客厅

设计师推荐色彩搭配：

分　析

- 该作品是简约风格的客厅设计，不需要过多装修就能展现出丰富的内涵。
- 低明度的客厅空间给人以素雅、舒心愉悦的感受，可以缓解浮躁的情绪，能够让你清醒冷静下来。
- 客厅窗帘的样式显得格外优雅别致，能够凸显出女性娇柔的魅力，又可为空间增加浪漫感。

低明度的混搭风格的客厅

设计师推荐色彩搭配：

分　析

- 该作品属于混搭风格的客厅设计，使用不同的元素构成一个整体，能够使空间感更加丰富饱满。
- 混搭风格不是把各种不同的元素进行乱搭，无论怎样的形式都需要统一，只有统一，才能够使整体更为融洽。例如，本作品中的空间给人呈现出既沉稳又时尚的魅力，更适宜中年人居住。
- 空间的窗帘是高挑叠加形式的装饰，可以丰富层次感又能拉伸空间的距离感，令空间看起更加具有扩张感。

第6章 室内家居设计的4个元素

设计定位 \ 家居搭配 \ 潮流元素 \
软装配饰

室内设计有4个元素，分别是设计定位、家居搭配、潮流元素和软装配饰，是从点到面进行延伸。即先确定所要装饰的风格，再进一步进行搭配装饰。

◆ 定位好装饰的风格，塑造出属于自己的独特家居生活。

◆ 家居搭配重视整体性与个性化的结合，营造出安逸、舒适的生活环境。

◆ 家居的装饰能够为生活塑造出更好的氛围，给空间平添了一道风景线。

6.1 设计定位

　　家是人生的起点，更是生命的港湾。在快节奏、满负荷的现代生活中，人们对家居设计晋升到一种更高的境界。越是身心疲惫，对家的依恋就愈加强烈，就越想拥有轻松自由的环境，更加时尚、实用的居室空间。根据房主不同的性格、喜好、经济实力，可以设计出多种空间装修方案。

　　特点：

◆ 根据设计定位进行空间设计。

◆ 根据设计定位选择家具、配饰。

◆ 根据设计定位选择适合的色彩搭配。

⊙6.1.1 简约

简约不是简单摹写，而是经过高度提炼形成的。例如，本作品装饰定位简约，经济实用，色彩的强烈对比，给人一种前卫不受约束的感觉。

设计理念：纵向延伸凸显空间的立体感与层次感。

色彩点评：纯洁的白色空间里增添一抹红色，令室内具有强烈的视觉冲击力与艺术感染力。

❶圆形的餐桌可以容纳多人聚到一起，可以让家人在聚餐时增加感情。

❷低垂的吊灯不仅可以拉近空间距离，而且能够更好地营造出温馨的气息。

RGB=246,247,241 CMYK=5,3,7,0

RGB=64,47,32 CMYK=70,75,87,51

RGB=209,203,191 CMYK=22,19,25,0

RGB=197,48,61 CMYK=29,93,75,0

本作品不主张高档的奢华，"白色身躯，蓝色面容的 L 形沙发"，展现出主人重视细节的微妙，力求生活的安逸。

■ RGB=77,86,97 CMYK=77,66,55,12

▫ RGB=254,254,254 CMYK=0,0,0,0

■ RGB=95,82,64 CMYK=66,65,76,23

■ RGB=85,39,16 CMYK=59,84,100,48

■ RGB=194,187,148 CMYK=30,25,45,0

大理石的台面，精致吊灯的点缀，镜面的融合，无不透露出卫浴简单中带着精美、低调中带着华贵。

■ RGB=64,47,32 CMYK=70,75,87,51

▨ RGB=229,217,200 CMYK=13,16,22,0

■ RGB=157,148,116 CMYK=46,41,57,0

▨ RGB=252,209,174 CMYK=1,25,32,0

■ RGB=103,93,79 CMYK=65,62,68,15

简约的室内设计技巧——沙发的运用

　　沙发是客厅必不可少的装饰，于是摆放也就成了最重要的部分，根据主人的喜好和空间的特点，让空间达到完美而不浪费的效果。

深蓝色布艺沙发的L形摆法与空间完美的协调，给人以舒适安逸感。

沙发采用对坐式摆放，可以更好地增进主客之间的沟通。

本作品采用曲线形沙发，可以容纳多人，形成一种聚集感，让客厅更加丰富多彩。

配色方案

双色配色　　　　　　三色配色　　　　　　五色配色

简约设计定位的案例欣赏

◉6.1.2 时尚

时尚的室内设计能够给人焕然一新的感受，把矜持、庄重发挥得淋漓尽致，突出温馨且不失时尚之感。例如，本作品简单的组合中透露出独特的趣味，令居住者拥有舒适清爽的生活韵味。

设计理念："新"是本作品的特点，具有强烈的敏锐感。

色彩点评：黑、白、灰的经典搭配，产生一种朴素、淡雅的高贵。

🌑 宽阔的落地窗，给予空间良好的采光，也赋予清凉的空间以温馨和雅致。

🌑 "面"组合的茶桌，简洁又时尚，有很好的容纳功能。

🌑 圆形的吊灯，犹如水晶球一样具有魔力，为整个空间呈现出一种星光璀璨的景象。

RGB=255,254,251 CMYK=0,1,2,0
RGB=81,84,88 CMYK=74,65,60,16
RGB=133,134,146 CMYK=55,46,36,0
RGB=141,112,91 CMYK=53,59,65,3

两个花瓶的摆放与实木桌融合，增加了时尚的魅力，特别是造型独特的吊灯，简练中透露着华丽的光泽，为空间增添了不少色彩。

本作品采用线、面结合的窗户，不仅使空间拥有充足的采光，而且又增加了空间的艺术韵味。

RGB=181,174,156 CMYK=335,30,38
RGB=231,231,228 CMYK=11,9,10,0
RGB=52,42,32 CMYK=74,75,84,55
RGB=167,170,165 CMYK=40,30,33,0
RGB=126,96,65 CMYK=56,63,79,13

RGB=32,33,39 CMYK=85,81,72,57
RGB=236,238,241 CMYK=9,6,5,0
RGB=145,127,109 CMYK=51,51,57,1
RGB=79,61,27 CMYK=66,70,100,41
RGB=224,195,190 CMYK=15,28,21,0

时尚的室内设计技巧——灯的作用

家居中的"灯"除了具有实用价值外，还在装饰中起着重要作用。因此，它既是人们用来照明的必需品，又是创造优美环境不可缺少的设备。

简单平庸的空间，一盏水晶灯的点缀就令整个空间焕然一新，凸显出简练的奢华味道。

一盏特异创新的吊灯，不仅吸引人的眼球，还打造出空间一抹亮点，使空间增添了一丝温暖。

在个性独特的空间里，可随意调节的链式吊灯，凸显出整个空间的华丽温馨感。

配色方案

双色配色	三色配色	五色配色

 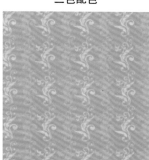 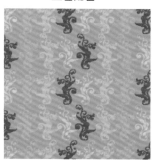

时尚设计定位的案例欣赏

⊙6.1.3 个性

在个性的室内设计中尝试艺术性的创造，应强调人与空间、物与空间的相互关系，设计出可变性节奏的灵活特点，把视觉空间升华到"听觉空间"的意境创造。

设计理念：合理地运用空间形体、色彩以及虚实关系，掌握空间整体协调性。

色彩点评：一把鲜红的椅子，在素雅白色空间的调和下，成功地点亮了整个空间，使空间更具有审美趣味。

❶采用沙漏造型的原理设计出一个层层相依的摆架，具有独特的个性魅力。

❷虎皮花纹的地毯，逼真的刻画，凸显空间的生动创意。

❸"隐藏"的收纳柜，合理的分割，令整个空间简洁又明亮。

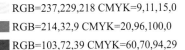

RGB=237,229,218 CMYK=9,11,15,0
RGB=214,32,9 CMYK=20,96,100,0
RGB=103,72,39 CMYK=60,70,94,29
RGB=235,182,134 CMYK=10,36,48,0

本作品色彩的灵活运用，既不占用空间，又不受空间限制，成功地体现出作品的个性化。

■ RGB=49,42,42 CMYK=77,77,74,52
☐ RGB=230,231,227 CMYK=12,8,11,0
■ RGB=193,19,89 CMYK=31,99,49,0
■ RGB=214,149,16 CMYK=22,48,96,0
■ RGB=126,137,142 CMYK=58,43,40,0

从整个客厅设计来看，多采用天然材料，亲近自然、体会自然，给宽阔的空间增添几分安逸舒适的色彩。

■ RGB=91,121,15 CMYK=72,46,100,5
☐ RGB=249,249,249 CMYK=3,2,2,0
■ RGB=143,104,77 CMYK=51,63,72,6
■ RGB=49,97,129 CMYK=85,62,40,1
■ RGB=155,74,8 CMYK=45,79,100,10

个性的室内设计技巧——家具独特造型

　　人们从追求物质财富到精神财富，大胆地把观念艺术尝试运用在环境设计上，结合材料的激励效果展现出令人赞叹的空间环境。

　　生活是忙乱的，时间是紧凑的，居住在这样一个多艺造型的空间能让人阴郁的心情重新振作起来。

　　独特的造型是一种享受，弯曲的灯饰犹如灵蛇舞动，沙发亮丽的色彩、舒适的造型，无处不凸显主人的个性。

　　"齿轮"原理的楼梯设计，延伸着空间的持续性，寓意着不被终止的个性空间设计。

配色方案

双色配色　　　　　　　　　三色配色　　　　　　　　　五色配色

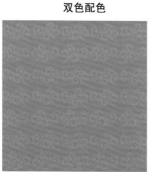

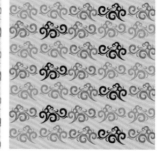

个性设计定位的案例欣赏

◉6.1.4　豪华

豪华的设计是指装修较为奢华、厚重中带着大气，有种磅礴的气势，具备一定的文化底蕴的装修设计。例如，本作品大气磅礴的样貌，光彩夺目，与生俱来的高贵让人无法释怀。

设计理念：精妙的布置，巧妙的融合，呈现给居住者奢华尊贵的面貌。

色彩点评：金色的温馨与华贵，使整个空间如宫廷般繁华。

🕐精美的大型灯池，让客厅显得温馨又大气。

🕑对称式的手法，呈现出一种庄重威严的气派。

🕒天花精心细致的雕刻，一点一滴地用心缔造，富贵气息源源不断涌现出来。

RGB=248,238,228 CMYK=3,9,11,0
RGB=172,104,55 CMYK=40,67,87,2
RGB=31,23,36 CMYK=85,89,70,60
RGB=170,169,165 CMYK=39,31,32,0

浮雕元素的壁炉、具有文化底蕴的天花壁画以及晶莹剔透的吊灯，将整个空间的贵族气息烘托出来。

RGB=72,58,55 CMYK=71,73,72,39
RGB=220,182,140 CMYK=18,33,47,0
RGB=194,93,34 CMYK=30,75,96,0
RGB=183,166,133 CMYK=35,35,49,0
RGB=81,58,39 CMYK=65,73,87,41

本作品豪华的居室装修、拱形的窗门、黄色典雅的灯光，每一处的融合搭配都体现出客厅的优雅高贵。

RGB=89,93,41 CMYK=70,57,100,21
RGB=249,238,207 CMYK=4,8,23,0
RGB=188,158,81 CMYK=34,40,75,0
RGB=112,74,31 CMYK=57,71,100,26
RGB=8,10,9 CMYK=90,84,85,75

豪华的室内设计技巧——吊灯照明

吊灯无疑是天花的高级装饰。但在室内，吊灯不能吊得太矮，以防阻碍人的视线，从而造成刺眼的感觉。

厨房采用时尚吊灯进行照明，明亮利落的光感给人热情愉悦的气氛。

卧室采用欧式烛台吊灯照明方式，富有理性主义，凸显艺术浓重的氛围空间。

水晶吊灯运用在卫浴间，光影自然，造型优雅，也让人们在浴室中享受温馨浪漫。

配色方案

双色配色	三色配色	五色配色

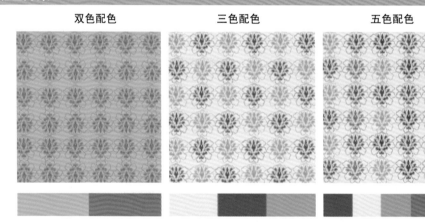

豪华设计定位的案例欣赏

6.2 家具搭配

家具搭配要合理、实用，这样才会让人们的家居生活更舒适温馨。例如，客厅搭配要根据室内活动和家具功能来布置，包括茶几、座位以及相应的电视柜、音响等设备用品。而且，要注意在一个相对封闭的空间使用色彩不得超过 3 种颜色，比如餐厅的摆设既要美观又要实用，白色装饰会显得明亮，而且格局要与整个餐厅一致，以免造成凌乱无序的样貌，从而让居住者有一个典雅温馨的生活环境。

特点：

◆ 注重家居与室内装饰风格搭配。

◆ 注重个性化，突出主人的生活情趣。

◆ 重视合理划分，巧妙地运用空间。

◎6.2.1 沙发

沙发在客厅扮演着重要的角色，不仅起到供人休息的作用，更是一种不可缺少的装饰品。而低调的白色沙发，也成为当今的主流。例如，本作品采用雅致的白色沙发，既低调又时尚。

设计理念：3+2+1的组合方式，能让客厅容纳多人，更便于交流。

色彩点评：白色沙发、实木围边，色彩搭配独特，彰显出主人的生活品位。

🟤扶手木的沙发设计融合了中国风格，增加了沙发的价值感。

🔵沙发的弯曲线条与墙体波浪的弧度不仅相互辉映，还拉伸了空间范围。

RGB=253,254,248 CMYK=1,0,4,0
RGB=167,104,51 CMYK=42,66,90,3
RGB=41,15,18 CMYK=74,88,83,68
RGB=151,36,136 CMYK=53,95,11,0

混实厚重的色彩，环形的设计，时尚大气，既不易变形，又增加了空间的饱满度。

■ RGB=202,142,97 CMYK=26,51,63,0
■ RGB=148,98,76 CMYK=49,67,72,6
■ RGB=203,25,25 CMYK=26,99,100,0
■ RGB=138,79,81 CMYK=53,76,63,9
■ RGB=249,148,73 CMYK=2,54,72,0

协调对称的沙发摆放形成一种庄重威严感，靠背的拉点工艺使沙发更有立体感，同时也延长了沙发的使用寿命。

■ RGB=221,228,232 CMYK=16,8,8,0
■ RGB=185,172,163 CMYK=33,33,33,0
■ RGB=91,82,85 CMYK=70,67,60,17
■ RGB=151,132,113 CMYK=48,49,55,0
■ RGB=74,129,39 CMYK=76,40,100,2

沙发的设计技巧——沙发的造型

　　沙发是客厅必不可少的装饰，于是摆放也就成了最重要的问题。应根据主人的喜好和空间的特点摆放，让空间达到完美而不浪费的效果。

　　拐角式的沙发造型，圆柱形小巧的扶手，将动感的线条完美地与沙发结合在一起，还可以做午休时的小枕头。

　　高靠背的弯曲设计，满足了人体的依靠；微微上翘的扶手，提供了舒适的扶靠；两个花案抱枕更加增添了情趣。

　　U 形拉点工艺沙发，使整个沙发更时尚，同时也拉伸了空间视觉感。

配色方案

双色配色　　　　　　　三色配色　　　　　　　五色配色

沙发设计搭配的案例欣赏

◎6.2.2 电视柜

随着人们对室内设计喜好的多元化，电视柜从单一化转变为多样化，不再仅起到摆放电视的用途，还可以起到装饰、收纳的作用。

设计理念：用简单的手法在狭小的空间创造出独特的景象。

色彩点评：空间采用大面积的白色与实木结合，谱写出纯净自然的景象。

💡 内嵌式的电视柜，不仅占用空间少，还起到了最好的装饰效果。

💡 墙体延伸出的座椅，独具匠心的设计手法，让空间得到了完美升华。

■ RGB=241,236,227 CMYK=7,8,12,0
■ RGB=182,121,68 CMYK=36,59,79,0
■ RGB=194,154,109 CMYK=30,43,60,0
■ RGB=37,41,45 CMYK=84,78,71,52

黑、白经典搭配，几何条形的交叉，为简约的电视柜增添了简练时尚的大气感，也为空间增添了一份宁静感。

■ RGB=101,106,112 CMYK=68,58,51,3
□ RGB=250,249,249 CMYK=2,2,2,0
■ RGB=52,57,63 CMYK=81,74,66,37
■ RGB=227,60,47 CMYK=12,89,83,0
■ RGB=190,85,99 CMYK=32,79,51,0

与电视柜连为一体的展示灯盒、巧妙的搭配，让电视柜成为客厅的焦点。

■ RGB=224,213,186 CMYK=16,17,29,0
■ RGB=58,17,20 CMYK=67,92,85,62
■ RGB=216,82,49 CMYK=19,81,84,0
■ RGB=191,126,65 CMYK=32,58,80,0
■ RGB=140,117,103 CMYK=53,56,58,1

电视柜的设计技巧——电视柜的类型

电视柜也是家具中的一类，是家的一部分，它可分为地柜式、组合式、板架式等类型。电视柜要遵循人体工程学来打造，避免产生颈椎疲劳现象。要明白适合自己的才是最好的这一真理。

本作品采用组合式电视柜，是传统电视柜的升华，多格组合既可以开放式收纳，又保证了空间不凌乱。

板架式的电视柜与组合式的类似，单从结构与材质来看，更加突出实用和耐用的特点。

本作品中的地柜式电视柜是家居中最常见的，占用面积小，又可起到很好的装饰作用。

配色方案

双色配色	三色配色	五色配色

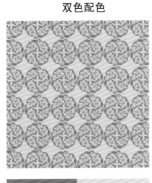

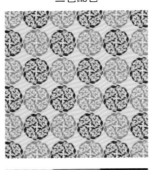

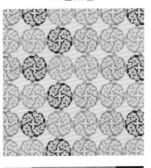

电视柜设计搭配的案例欣赏

◎6.2.3 餐桌

餐厅是家居生活中的重要组成部分，因此餐桌也成了主要的角色。餐桌是提供吃饭的桌子，它的形状对氛围有着一定的影响。如长方形的餐桌可供大型聚会；圆形餐桌更具温馨气氛；不规则餐桌则更显浪漫情调。

设计理念：钢化玻璃材质的桌面，在灯光的映衬下，光泽度加强，有更好的视觉效果。

色彩点评：干净亮丽的白色空间，一抹木质地板，与窗外的风景结合，使空间更加清新自然。

🔵桌面干净通透的玻璃材质，不仅能够给家居空间扩容，还可以起到整体亮化的作用。

🔵U形连体座椅不仅舒适，还能促进感情交流，增进家人关系。

- RGB=236,239,229 CMYK=10,5,13,0
- RGB=140,153,133 CMYK=52,35,49,0
- RGB=148,127,91 CMYK=50,51,68,1
- RGB=63,56,37 CMYK=72,70,87,46

本作品采用可容纳八人的方形餐桌，寓意着四平八稳，象征公平、稳重，很受大众欢迎。

- ■ RGB=76,36,4 CMYK=62,83,100,52
- □ RGB=232,239,242 CMYK=11,5,5,0
- ■ RGB=48,87,119 CMYK=87,68,43,3
- ■ RGB=204,130,1 CMYK=26,57,100,0
- ■ RGB=182,163,154 CMYK=34,37,36,0

天然木色的餐桌，富有生命力的色彩，可促进家人食欲。

- ■ RGB=36,59,102 CMYK=94,86,44,10
- □ RGB=216,214,215 CMYK=18,15,13,0
- ■ RGB=128,78,43 CMYK=52,73,93,19
- ■ RGB=125,110,106 CMYK=59,58,55,3
- ■ RGB=14,17,14 CMYK=88,82,85,72

餐桌的设计技巧——桌布选择技巧

设计桌布时要注意保持基本的垂直，还要确定餐区的面积大小，只有这样才可以打磨出与空间相搭配的桌布；同时，桌布的形状、尺寸、花色、颜色都很重要。

温暖柔和的桌布，简单内敛的设计，织物紧密，手感舒适，更加凸显餐桌的立体感。

餐桌桌布的精美图案，是高雅与美观的完美体现，流露出素雅的美感，而且耐脏耐用，清洗也方便。

轻快、充满活力的黄颜色桌布，赋予餐桌自然的气息，营造出悠闲、高雅的氛围。

配色方案

双色配色　　　　　　　三色配色　　　　　　　五色配色

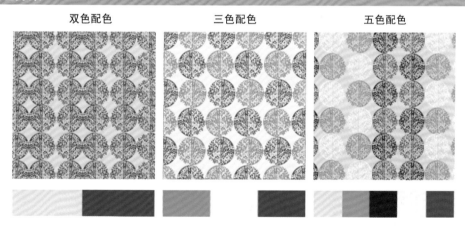

餐桌设计搭配的案例欣赏

◎6.2.4 茶几

茶几一般分为矩形、方形两种，但因设计者的独特创新又有着各种不规则形体的茶几。茶几一般分为两层式，可容纳茶具，因为比较矮小，颜色又丰富多彩，可满足不同的设计需求，由设计者自由地发挥想象力。

设计理念：双层矩形茶几，易于书报杂志的整理和摆放，更易于空间感的延伸。

色彩点评：空间大量采用沉稳的色调，棕色的家具、黑灰色的沙发，无处不展现居住者沉着、稳重的性格。

❶木质底座、方形支架，可以使钢化玻璃更加稳固、耐用。

❷LOGO 金属与玻璃的结合设计，起到增大空间的视觉效果。

❸拉线的躺椅设计，可延长沙发寿命，圆柱形的头枕，可使居室主人更好地休息。

RGB=246,234,211 CMYK=5,10,20,0

RGB=101,45,13 CMYK=56,84,100,39

RGB=87,86,84 CMYK=71,64,63,17

RGB=114,116,81 CMYK=63,52,75,6

茶几采用黑色烤漆，从传统家具中脱颖而出，再摆置白色的玫瑰，更凸显高贵、典雅的魅力。

■ RGB=152,147,129 CMYK=47,40,49,0

RGB=233,234,236 CMYK=10,7,7,0

■ RGB=2,2,2 CMYK=92,87,88,79

■ RGB=129,130,32 CMYK=59,45,100,2

■ RGB=103,109,129 CMYK=68,58,41,1

创意的茶几能给生活带来惊喜，小巧简约、具有美观实用的特点，独特的外观成为客厅的亮点。

■ RGB=161,134,87 CMYK=45,49,71,1

■ RGB=149,178,159 CMYK=48,22,41,0

■ RGB=51,52,51 CMYK=79,73,72,45

RGB=227,228,231 CMYK=13,10,8,0

■ RGB=99,85,69 CMYK=65,64,73,20

茶几的设计技巧——多功能茶几

茶几在空间中主要起到放置茶具、水果等作用，虽然是空间里的小角色，但它往往能绽放出多姿多彩的效果。

此款创意茶几，四角是可拉伸的方形座椅，功能性极强，诠释简约、优美的魅力。

此款创意茶几运用表链的形式，两侧可推拉，起到容纳和观赏的作用。

此款茶几使用木质简练手法，闲暇时可以品品茶道，富有诗意的意境美感。

配色方案

双色配色	三色配色	五色配色

  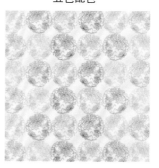

茶几设计搭配的案例欣赏

6.3 潮流元素

潮流元素在艺术领域应用广泛。无论是装饰图形还是符号，都可以传递出艺术的气息。而当今潮流元素的发展不仅体现在声音、网络、影音方面，还更加丰富地表现在家居生活中，绚丽的色彩、动态的错觉、几何空间的变迁、多元文化的融合、绿色环保的主张，为空间诠释出潮流文化。

特点：

- ◆ 促进观念感，具有惊艳独特的自然感。
- ◆ 具有明显的规律性和时代性。
- ◆ 艺术造型和精神功能范畴。

◎6.3.1　吧台

吧台最初源于酒吧，是娱乐休闲服务场所的总服务台。如今吧台在家庭装修中也越来越流行，间距装饰与功能性的小空间越来越受人们的追捧。不仅功能性很强，而且也起到了划分空间的作用。

设计理念：倚墙而立的吧台，与墙面有机地融合在一起，整体性较强。

色彩点评：白色加上木质的家装吧台台身，塑造出别具一格的清新格调。

① 吧台椅采用架高式的打造，营造出一种舒适的享受感。

② 开放式的收纳格，完善地展现出高脚杯娇美的姿态，晶莹剔透的光泽不仅实用，还可起到很好的装饰效果。

　RGB=190,180,170 CMYK=30,29,31,0
　RGB=194,117,61 CMYK=30,63,81,0
　RGB=3,81,52 CMYK=91,56,92,29
　RGB=248,129,16 CMYK=2,62,91,0

大理石吧台台面运用在大面积棕色家装中，让沉闷的气氛焕然一新，为空间增加宽敞、通透视觉感受。

223,182,103 CMYK=17,33,65,0
RGB=252,252,521 CMYK=1,1,2,0
RGB=113,112,103 CMYK=64,55,58,3
RGB=53,14,1 CMYK=68,90,99,66
RGB=47,64,15 CMYK=80,63,100,43

利用隔断式吧台划分空间，使布局灵活方便，在烛台式吊灯的照映下，洋溢着浪漫的氛围。

RGB=223,210,172 CMYK=17,18,36,0
RGB=233,233,231 CMYK=11,8,9,0
RGB=20,19,15 CMYK=85,81,86,71
RGB=135,116,101 CMYK=55,56,60,2
RGB=58,43,34 CMYK=71,76,83,53

吧台的设计技巧——不同类型的吧台设计

在家居中设置吧台，必须要将吧台看作空间的一部分，还要考虑到动线走向，从而起到引导性作用，使居住者往来更加舒适。

此款吧台采用转角式的布置，客人可以围绕而坐，实用性强，布局紧凑，更方便交谈。

此款嵌入式的吧台设计有效地利用空间，弥补空间局限性，形成整齐划一感。

吧台立式设立，与墙面融合一体，给空间形成了良好的过度。

配色方案

双色配色　　　　　　　三色配色　　　　　　　五色配色

吧台设计搭配的案例欣赏

◎6.3.2 玄关

玄关是开门的第一道风景，是房门入口的一个区域，主要是为了增加主室内的私密性。避免客人入门时一览无余，从而起到视觉上遮挡的效果。

设计理念：利用展示性、实用性的特点，规划玄关区域。

色彩点评：白色的玄关处，不会显得浑浊昏暗，再加上灯光的照映，更显得清澈明亮。

🔵 玄关墙面采用开放式的书架，使空间更加具有文艺清新的风范。

🔵 书架对面采用大幅的油画装饰，为整体效果增加时尚艺术气息。

RGB=211,200,182 CMYK=21,22,29,0
RGB=204,157,103 CMYK=25,43,63,0
RGB=45,4,0 CMYK=71,94,96,69
RGB=193,119,42 CMYK=31,62,92,0

玄关处是通往客厅的一个缓冲地带，连续的拱形天花，吊灯的引领，彰显出空间的端庄、含蓄气质。

RGB=125,87,44 CMYK=55,67,94,18
RGB=255,236,191 CMYK=2,10,30,0
RGB=108,105,0 CMYK=65,54,100,13
RGB=229,126,13 CMYK=12,62,96,0
RGB=105,19,0 CMYK=53,98,100,40

本作品大型玄关装饰，不仅起到了隔断遮挡的效果，还可以起到休闲的作用。

RGB=168,135,118 CMYK=41,50,51,0
RGB=235,234,234 CMYK=9,8,7,0
RGB=49,30,26 CMYK=73,82,82,61
RGB=162,76,72 CMYK=44,81,71,5
RGB=199,147,69 CMYK=29,48,79,0

玄关的设计技巧——玄关的设计方式及照明

玄关是访客进入居室第一印象的区域，因此它的格局与照明十分重要。

由地至顶的全隔断玄关，不仅起到承上启下的作用，还具有遮蔽外界视觉和空间流动的双重功效。

玻璃墙体的玄关，景色迷人，使过往的访客眼前一亮，还可起到开阔视野的效果。

大面积玻璃墙体，为玄关通道创造良好的采光，形成一个受人欢迎的区域。

配色方案

双色配色	三色配色	五色配色
	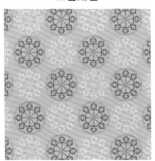	

玄关设计搭配的案例欣赏

◎6.3.3 榻榻米

榻榻米是一种供人坐或卧的家具，具有收纳功能强、清凉舒适的特点。随着时代的发展，榻榻米在 80 后、90 后年轻人群体中非常流行。

设计理念：材质光滑的榻榻米，透气好，具有调节空气湿度的作用。

色彩点评：浅卡其色拼凑成的榻榻米茶间区域，散发着传统日式的宁静与淡雅。

① 蔺草编织而成的榻榻米，平而不滑，既洁净又舒适。

② 客厅采用棕色实木打造，彰显出空间古朴、雅致的氛围。

RGB=248,244,235 CMYK=4,5,9,0

RGB=226,180,103 CMYK=16,34,64,0

RGB=78,46,41 CMYK=65,80,79,46

RGB=91,132,57 CMYK=71,40,97,2

木结构的居室，一梁一柱一个支撑点都承载着均衡的力量，使居室更加安稳牢固。

RGB=180,96,0 CMYK=37,71,100,0

RGB=107,50,14 CMYK=55,83,100,36

RGB=1,86,139 CMYK=93,69,29,0

RGB=130,106,22 CMYK=56,58,100,10

RGB=34,19,17 CMYK=78,84,84,69

榻榻米一直都是风靡世界的装饰，可以作为客厅，也可以作为卧室，还可以作为休闲区，具有很强的实用功能。

RGB=75,59,40 CMYK=68,71,86,42

RGB=226,221,216 CMYK=14,13,14,0

RGB=119,111,68 CMYK=60,54,82,8

RGB=119,67,9 CMYK=54,76,100,26

RGB=253,211,182 CMYK=1,24,29,0

榻榻米的设计技巧——桌子的设计

榻榻米能有效地利用空间，不仅具有床、地毯、沙发等多功能的优点，而且还会散发出淡淡草香，使人神清气爽。

本作品设置了格栅拉门作隔断，而榻榻米上设计一个可升降的矮桌，更加便捷实用，具有休闲感。

坐落在窗前的长方形升降桌，可自由调控，使榻榻米房间更具有灵活性。

在榻榻米上打造出可升降的折叠矮桌，主人可以和来往的客人席地而坐、畅饮交谈。

配色方案

双色配色　　　　　　　三色配色　　　　　　　五色配色

榻榻米设计搭配的案例欣赏

⊙6.3.4 背景墙

背景墙是一种墙体装修艺术。它以新颖的构思、先进的工艺，能够体现艺术的完美升华。背景墙不仅具有美观作用，而且可以增强空间的层次感。

设计理念：采用三围墙的模式划分空间区域，使空间辽阔而不杂乱。

色彩点评：整体空间基本使用白色喷漆，彰显出空间的宁静和安逸。

❶一簇艳丽的花束，为枯燥的空间增添了一丝生机。

❷桌椅腿采用金属材质，凸显出稳固性，还添加了时尚亮丽的气息。

❸打磨的木质地板反光弱，让居住者在空间行走时更加舒适惬意。

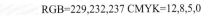

RGB=229,232,237 CMYK=12,8,5,0
RGB=99,161,171 CMYK=65,27,33,0
RGB=203,118,2 CMYK=26,63,100,0
RGB=82,83,87 CMYK=73,66,60,16

多边形的天花与空间整体结合，使空间更具有立体化；客厅"凹""凸"刻印的墙体，富有中式化特征，更加彰显客厅的雅致。

■ RGB=150,121,112 CMYK=49,56,53,0
□ RGB=222,208,190 CMYK=16,19,26,0
■ RGB=217,130,86 CMYK=18,59,66,0
■ RGB=94,57,44 CMYK=60,77,82,37
■ RGB=40,72,43 CMYK=84,60,93,37

一幅巨浪汹涌澎湃的画作，一面水波荡漾的墙体，让平静简约的白色世界里充满生气和活力。

■ RGB=82,83,88 CMYK=74,66,59,16
□ RGB=244,242,240 CMYK=6,5,6,0
■ RGB=173,8,25 CMYK=39,100,100,5
■ RGB=190,149,81 CMYK=33,45,74,0
■ RGB=90,77,71 CMYK=68,68,68,24

背景墙的设计技巧——墙体彩绘、装饰

　　墙体彩绘在个性装修中扮演着重要角色，在色彩上与空间结合，营造出既温馨又具有艺术感的空间感受。墙绘的图案类型可以更好地突出空间的设计风格。

卧房里黑色背景画与床品的色调相一致，为卧室和谐的美感锦上添花。

黄色的客厅墙体用一幅春意盎然的油画装点，使本身雅致的空间更加活泼舒适。

在天蓝色的墙体上彩绘田园的景象，外加床头拱形门洞的装饰，使空间更加宽阔，带来行走于田间，轻松舒适的视觉感受。

配色方案

双色配色	三色配色	五色配色

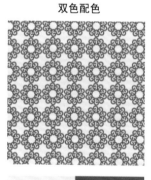

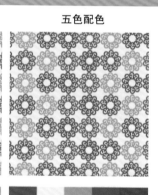

背景墙设计搭配的案例欣赏

6.4 软装配饰

　　软装配饰设计，又叫软包设计，是居住空间所有可移动元素的统称。软装配饰有很多，包括家具、装饰画、灯饰、沙发、窗帘布艺、装饰摆件等。软装配饰应根据客户的喜好，按照一定的效果对空间进行软装设计，从而突出客户的气质和品位。

　　特点：

- ◆ 个性十足，拥有条理性的韵味。

- ◆ 具有灵活多变性。

- ◆ 节省空间，追求视野开阔的效果。

- ◆ 注重光的运用，起到画龙点睛的作用。

◎6.4.1 装饰画

装饰画，又称为照片墙。一般分为具象、意象、抽象和综合性等题材。装饰画的悬挂陈列方式有很多，可以根据喜好自行选择或设计。

设计理念：将空间构成一个统一主题情节，丰富空间内容。

色彩点评：黑白相片的装饰画，在正面墙体的展现，具有很强的观赏感和时代感。

🔵在楼梯口处的墙面上采用大量的装饰画，使楼梯处具有主次分明的层次感。

🔵黑色蔓延的地毯，拥有极强的视觉感和神秘感。

RGB=231,233,230 CMYK=12,7,10,0
RGB=50,49,55 CMYK=81,77,68,43
RGB=120,105,84 CMYK=60,58,68,8
RGB=118,87,49 CMYK=57,66,90,19

本作品的装饰具有线条、形体诉诸人的视觉，对整个空间起到升华的作用。

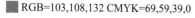

RGB=103,108,132 CMYK=69,59,39,0
RGB=231,231,231 CMYK=11,9,9,0
RGB=49,18,15 CMYK=70,88,88,66
RGB=183,128,114 CMYK=35,57,52,0
RGB=184,151,118 CMYK=34,44,54,0

装饰画对墙面的强调，打破布局的单调感，使空间更具朝气。

RGB=137,153,158 CMYK=53,36,34,0
RGB=228,234,233 CMYK=13,6,9,0
RGB=173,120,79 CMYK=40,59,73,1
RGB=123,90,50 CMYK=56,65,90,17
RGB=66,81,61 CMYK=77,60,79,28

装饰画的室内设计技巧——装饰画类型的划分

装饰画在室内中，按照制作方法可分为实物装裱装饰画和手绘作品装饰画；按照材质可划分为油画、木质画、丝绸画、摄影画、编织画等。

让优雅的油画艺术融入餐厅，一幅油画覆盖整个墙体，成为令人难以忘记的焦点。

"家庭照片的楼梯"安排，具有画廊风格的印象，让楼梯处成为温馨的转折点。

无框动感的装饰画，清凉的色彩，展现空间无拘无束、充满活力的个性。

配色方案

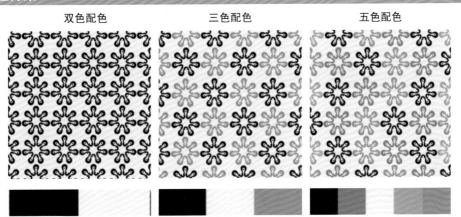

双色配色　　　　　三色配色　　　　　五色配色

装饰画设计搭配的案例欣赏

◎6.4.2 灯饰

灯具是家居的"眼睛"，能够起到画龙点睛的作用。每个类型的空间，都需要灯具，灯饰不仅只有照明作用，而且越来越追求创意、设计、美观。

设计理念：奇思妙想的设计，硕大的体积，为创造完美的家居起到重要的装饰作用。

色彩点评：棕色的空间与外景的有机结合，营造出温馨自然的气氛。

🔵墙体的实木条纹与楼梯、窗户的线性构造的融合，使空间条理清晰、简洁明亮。

🔵点、线结合的大型灯池给楼梯拐角增添亮丽的一笔。

RGB=249,253,255 CMYK=3,0,0,0

RGB=159,107,58 CMYK=45,63,86,4

RGB=103,54,24 CMYK=56,80,100,36

RGB=32,26,27 CMYK=82,81,78,65

圆形的天花、餐桌及多个小球体构成的吊灯，赋予餐厅强烈的圆满寓意。

RGB=125,87,44 CMYK=55,67,94,18

RGB=255,236,191 CMYK=2,10,30,0

RGB=108,105,0 CMYK=65,54,100,13

RGB=229,126,13 CMYK=12,62,96,0

RGB=105,19,0 CMYK=53,98,100,40

室内吊灯的设计附有极强的艺术底蕴，层层环绕的透明薄片，低垂悬挂于餐桌之上，增强了空间的层次感。

RGB=127,92,63 CMYK=55,65,80,14

RGB=237,237,237 CMYK=9,7,7,0

RGB=152,191,189 CMYK=46,16,27,0

RGB=139,139,137 CMYK=52,43,42,0

RGB=39,38,33 CMYK=80,76,80,58

灯饰的室内设计技巧——灯饰起到的作用

灯饰在家居装饰中非常重要。灯饰的美丽色彩、优美造型能给人带来愉悦感。

本作品把吊灯与吸顶相结合地运用在厨房空间，营造视觉环境，限制晕眩光感，获得灯与环境交相辉映的效果。

一盏"玻璃编织"的吊灯使色彩饱满的空间附有温暖热烈的气息，满室生辉让客人拥有宾至如归的亲切感。

在餐桌顶部布置大型的水晶灯帘，典雅、大气的景象，为宽敞的空间营造出温馨的感觉。

配色方案

双色配色	三色配色	五色配色

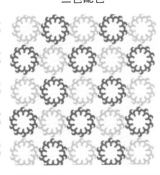

灯饰设计搭配的案例欣赏

◎6.4.3 饰品

现如今家居饰品装饰打破传统形式，形成一种新的理念。根据房间的空间和面积及主人的生活习惯，从整体构造上设计，从而展现出主人的个性品位。

设计理念：在现代简洁的空间增添一些装饰，可营造气氛，起到锦上添花的作用。

色彩点评：黑、白、灰的使用，凸显出空间清澈透明、干净整洁的氛围。

❶干枯枝的盆景修饰，彰显出个人独特的生活品位。

❷大小不一、色彩不同的纱布装饰，不仅可美化空间，还可提升空间感。

❸大面积的窗户运用，达到一种明快的视觉感受。

RGB=233,239,237 CMYK=11,4,8,0
RGB=231,107,64 CMYK=11,71,75,0
RGB=70,99,105 CMYK=78,58,55,7
RGB=31,30,26 CMYK=82,78,82,64

多元素的装饰墙面，不单单是一门艺术，更能够提升个人的情操，展现个人的美学观，还可丰富空间视觉感受。

RGB=107,139,163 CMYK=64,41,29,0
RGB=107,139,163 CMYK=64,41,29,0
RGB=104,103,85 CMYK=66,57,68,10
RGB=12,36,44 CMYK=94,80,71,54
RGB=0,0,0 CMYK=93,88,89,80

本作品采用编织品装饰墙体，使简洁时尚的空间更加丰满，还附有一丝民族气息。

RGB=211,168,102 CMYK=23,38,64,0
RGB=239,243,246 CMYK=8,4,3,0
RGB=205,209,212 CMYK=23,16,14,0
RGB=124,29,38 CMYK=50,98,90,28
RGB=194,202,168 CMYK=30,16,38,0

饰品的室内设计技巧——饰品的布置方式

　　饰品设计的基本任务就是增强空间的美感。饰品的布置陈列方式非常考究，不同风格的设计可以使用不同的方式，或随机，或规矩。饰品应充分考虑到结构造型美的形式，把艺术和技术完美地融合在一起。

　　从本作品中可看出居室主人对自然的热爱，树枝盆栽的装饰使室内空间更加亲切自然。

　　柜子上的装饰品充分利用不同装饰材料的质地特征，获得千变万化的艺术效果。

　　圆形地毯、圆形书桌和圆形的摆饰，彰显出实用和装饰二者的相互协调，使室内舒适得体，富有个性化。

配色方案

双色配色　　　　　　三色配色　　　　　　五色配色

饰品设计搭配的案例欣赏

◎6.4.4 创意家居

创意家居是指有趣的、生动的家居。在外形上不仅时尚，而且追求个性，力求打动人心，满足人的精神需求，获得一个戏剧性的效果。

设计理念：在外观上以自然与时尚的结合打动人心，融合了独特的创新设计灵感。

色彩点评：温馨的颜色、流畅的线条和创造性一起结合在空间中，富有充满个性的色彩。

❶墙体的构造仿佛是融化的石体，光滑的表面，富有亲和的柔和感。

❷具有层次感的柜台，拥有多样化的功能，实用美观，极具良好的收纳性。

RGB=215,182,142 CMYK=20,32,46,0
RGB=125,65,5 CMYK=52,78,100,24
RGB=98,59,0 CMYK=59,75,100,37
RGB=114,105,78 CMYK=62,57,73,10

这款儿童房间的创意设计，车型的床体，让人眼前一亮，相信会是大多数男孩儿的钟爱。

■ RGB=225,30,28 CMYK=13,96,96,0
  RGB=245,237,235 CMYK=5,9,7,0
■ RGB=142,130,114 CMYK=52,49,55,0
  RGB=237,224,172 CMYK=11,13,38,0
■ RGB=106,143,196 CMYK=64,41,10,0

大胆地运用紫色系的墙面获得一种色彩渐进的效果，为空间增添一层神秘色彩，符合人们对生活品质的高要求。

■ RGB=124,64,92 CMYK=60,85,52,9
  RGB=231,231,231 CMYK=11,9,9,0
■ RGB=67,47,45 CMYK=70,78,75,47
■ RGB=126,162,162 CMYK=56,29,36,0
■ RGB=227,195,148 CMYK=15,27,45,0

创意家居的室内设计技巧——家具和色彩

将富于创造性的思想、理念以设计的方式延伸，展现独特的魅力。

把狭小的空间分割成上下阁楼的书房，旋转形状的楼梯连接阁楼的上与下，既节省空间，又起到点睛之作用。

打磨过的实木茶桌，简洁又雅致，更重要的是耐用，寿命长久。

本作品运用粉红色与橘色相结合的楼梯，使居住空间者有种生活在童话世界的体会和色彩斑斓的温馨感。

配色方案

双色配色   三色配色   五色配色

创意家居设计搭配的案例欣赏

6.5 设计实战：从零开始打造欧式奢华客厅

◎ 6.5.1 欧式奢华客厅设计说明

建筑面积： 客厅 30 ㎡。

装修风格： 奢华、大气、开放形式的欧式风格。

主要材料： 石膏线、壁纸、抛光地砖等。

客户特点及要求：

本案例是为一对年轻夫妇设计的，长期居住在国外的他们十分钟爱欧式风格的家居设计。因此，他们对家具设计有自己独特的见解。女主人喜欢大型的灯池，也希望能够拥有独特的单人沙发；而男主人喜欢简单中透露着奢华的设计，还特别要求在客厅打造出开放式的阳台，希望能够给室内提供充足的阳光，为生活带来光彩。

风格特点：

◆ 较大的空间面积能够使空间的视觉感更为气派，也能更好地展现出欧式风格的完美景象。

◆ 本就不小的空间再设置外凸形式的天花，使空间更加雄伟气派。

◆ 具有典型代表的地毯与墙壁纸，不仅能第一时间凸显出空间的风格，又使空间更富有内涵。

◆ 家居陈列方式采用随性的摆放，使空间更具有层次感。

◆ 客厅的装饰不仅起到装饰空间的作用，也能丰富空间，还可起到美观的作用。

装修顺序：

◆ 在装修空间时先与客户沟通好，了解客户的需求，再拟订好装修方案。

◆ 根据客户所要求的风格设计进行最基本的空间墙面与大体初次装修，铺好地面、设计好天花后再进行石膏线和墙壁纸装饰。

◆ 大体形式装饰好再进行初步的软装，把背景墙以及窗帘装饰完整，然后再铺上选好的地毯。

◆ 进行家居摆设时只有选好适合空间的主题风格才能带来更为舒适的家居生活。

◆ 家居装饰不仅可以丰富空间，而且能突出空间氛围。

◉6.5.2 欧式奢华客厅设计分析

空间结构	分　析
	● 本案例是 30 ㎡ 的方形毛坯房，干练简单的线条空间可以看出它的宽阔感。 ● 这样没经过装修的毛坯房更方便客户根据自己的喜好进行装修，也省去了烦琐的改造。

硬　装	分　析
设计师清单：	● 根据客户的要求进行初步的设计，不但使空间有了大体的形状面貌，也确定了初步的定型。 ● 石膏线的装饰恰好构成地面与墙体的连接，隐藏了衔接处的缺陷，使空间能够得到统一。 ● 地板与瓷砖的装饰给顾客呈现出初步的宽阔感，也带有一丝温馨。

背景墙	分　析
设计师清单：	● 整体打造完成，再进行下一步的深化。 ● 在背景墙上进行一些装饰，使空间瞬间富有立体感，也为家具搭配奠定了一个坚实的基础，使空间有一个承上启下的完美搭配。

布 艺	分 析
 设计师清单： 	● 米黄色与卡其色搭配的窗帘层次感较为丰富，同时也为空间营造出强烈的视觉形象。 ● 开放形式的阳台是顾客特意强调的设计，既能提供良好的日光，又能呼吸到新鲜的空气。 ● 地面上地毯的铺设，既能保护居住主人行走的安全，又能对瓷砖起到一定的保护作用。
家具搭配	分 析
 设计师清单： 	● 家居的摆放采用不受拘束的洒脱风格进行搭配，为空间起到很好的拉伸作用。 ● 沙发的对称摆饰，为空间塑造出平衡感，看起来较为整齐和谐。 ● 中心处摆放的茶桌既有装饰效果，又起到实用的作用，这种独特设计既美观，又增添了一丝艺术气息。
软装饰	分 析
 设计师清单： 	● 装饰是家居设计中必不可少的环节，既不能过多又不宜过少，要恰到好处地展现出它所带来的魅力。 ● 大型的水晶式吊灯是女主人特意要求的装饰，为空间带来了奢华感和精美气质，让主人拥有一个舒适惬意的生活环境。 ● 花瓶的装点，是空间的画龙点睛之笔，为空间增添了一抹亮色，也增添了生机活力。

第 **7** 章　室内家居设计的秘籍

随着时代的不断变迁，人类也开始对生活有更高水平的追求，就连对家居装饰也是如此。但有时也会烦恼，要怎样将家居装扮得既精彩又不杂乱？该如何将狭小的空间变得更加宽阔？该如何搭配空间？下面就教大家一些巧妙的方法。

◆ 在家居生活装修中要抓住主题，使每个元素相互融合统一，才能令空间精彩万分。

◆ 狭小的空间使用大面积的窗户或使用镜面装饰，才能令空间更为明亮，也给视觉增加了扩容感。

◆ 在进行家居搭配时可以根据主人的性格灵活设计，如：利用对称形式使空间感更为整洁，利用混搭形式又可增强空间的饱满程度。

7.1 利用装饰扩大空间和面积

家装设计时想要扩大空间和面积可以从以下几点入手。

◆ 选用组合式家具，既节省空间又可储放物品。

◆ 合理利用配色增加宽敞感，利用浅色增强空间宽阔感的效果。

◆ 利用镜子产生扩容感，用反射的原理增加空间宽阔感。

◆ 还可以利用室内的陈列布局方式产生宽阔感。

本作品的空间不大，但是墙面大量使用镜子，极大地增强了空间感，使狭窄的空间在感官上得到提升。

● 多面镜面装饰卫浴空间，凸显墙体的华丽。

● 通透的玻璃浴房，使紧凑的卫浴空间得到了延伸，从而提升了空间亮度。

洗漱台上方采用银镜镜面做墙体背景，运用镜面反射的作用，横向扩容卫浴空间。

● 银镜镜面光亮性好，水银密度高，不易受潮。

● 镜面将空间原本的"尽头"，扩增到另一个"开始"，使空间视觉得到延伸。

● 镜面容易与玻璃紧密结合，可以长久使用。

使用平板镜面做整体延伸，辉映出空间纵深，使空间更加通透、开阔。

● 以平板镜子为主，木材为辅做边框，形成镜面工艺装饰。

● 这系列的镜子艺术性最强，主要以装饰为主。

7.2 通过色彩打造出季节性家居空间

在现代室内设计中，色彩能对人精神生活产生较大影响，因此室内色彩的均衡感很重要。环境色彩切记"百花齐放"，要注重色彩的明暗和面积的均衡，明度高在上，明度低在下，不可产生头重脚轻的现象。各区域的色调一定要和主色调相互协调。

　　本作品整体空间以浅黄色为主体，展现居室的柔和美感。

- 浅黄色的墙面与白色的家具、地板相搭配十分突出空间立体感。
- 轻盈曼妙的白色纱帘、充足的日光，彰显室内夏日清凉的景象。

　　本作品呈现出一种春意盎然的景象。

- 大面积绿色系的搭配，使空间更加生动自然。
- 白色、玫瑰红、灰色的沙发对空间加以调和，让居室更加富有朝气和生机。

　　本作品给人的第一印象就是色彩明丽，颜色多样。

- 家居色彩在室内统一创造了混合性的新格调。
- 鲜明的蓝色与黄色在空间的融合，给人视觉上带来艺术性的享受，使人"眼前一亮"。

7.3 巧妙运用窗帘

现如今，家居设计中窗帘已经成为影响布局设计重要元素之一。选用窗帘时要注意区域和光线，应和居室主色调相和谐，而且还要考虑空间及窗户的大小，使之与环境融为一体，强化居室空间格调。

通过后期的软装饰，利用窗帘发挥出的作用掩饰空间缺点，打造完美空间。

- 通透的白色纱帘，使室内光线柔和、空间更加明朗辽阔。
- 家装素雅颜色的组合，使空间干净清澈、明了整洁。

本作品空间面积比较大、举架较高，会给人一种宽敞感。

- 运用一款黄色落地窗帘，拉近空间高度，减少空旷感，使居住者更加舒心惬意。
- 黄色窗帘与黄色实木地板相互融合，用色彩连接空间，凸显空间的整体性。

本作品的客厅窗帘采用窗帘布与窗纱的搭配组合。

- 既给室内充足的阳光又减少了耀眼的刺痛感。
- 窗帘的丰富层次与装饰性，为卧室营造出若隐若现的迷人景象。

窗帘在家居装饰中，能让家居空间更加美轮美奂。

- 窗帘双色相间的经典设计理念、安全环保的面料，诠释出布艺装饰对家居生活的重要作用。
- 奶黄色、蓝色相间的窗帘与蓝色划分的茶桌交相辉映，完美的搭配为空间营造出舒适的和谐感受。

不同的环境对窗帘的要求也不同，客厅的窗帘犹如待客时穿的衣服，要庄重典雅，让客人感到舒适雅致。

- 窗帘浮华艳丽的色彩，精致细腻的面料，彰显富贵华丽的气息。
- 布艺装饰带着与生俱来的华贵气质，给空间形成强烈的视觉冲击。

7.4 让楼梯的拐角丰富多彩

在家庭装修过程中楼梯往往会被忽略。如若在楼梯周围好好规划一番,巧妙地处理,也能起到很好的收藏和展示作用,让生活更加惬意。

从本作品的楼梯、橱柜、墙面、地面等元素来看,主人崇尚自然,向往大自然气息。

- 完美地利用空间,把楼梯拐角处设置成藏酒区。
- 实用、美观、又安全的楼梯设计,让家居生活多了几分温馨。
- 天然石材雕砌而成的墙体富有清新的自然气息。

利用楼梯下方垂直死角打造一款功能俱全的收纳柜,令空间别有一番风味,让你在家居生活中"转角遇到爱"。

- 实木楼梯可调理空间湿度给人以调和舒适感。
- 木材自然纹理,具有沧桑历史感,给人一种文化沉淀的感受。

本作品利用空间,在楼梯处嵌入一个开放式展架,活用了空间死角。

- 混凝土的楼梯,实木的书架完美地结合在一起,安全实用。
- 奇思妙想的设计充分发挥楼梯处可利用的功效,为空间构造出精美的景观。

本作品黑白灰的空间主调,可谓经典格调搭配,落落大方又有舒适的视觉效果。

- 黑白搭配比较跳跃,用绿色植物做中间调色,平缓过渡,给人一种稳健的感觉。
- 铁艺工艺楼梯,焊接点均匀、密度性强、较牢固。螺旋造型优美动人,为空间增加了很大的吸引力。

7.5 巧挤空间充分利用

作为小户型的居室，释放空间才能使生活更加舒适。进行家居设计时，要合理规划、科学布局，使空间得到充分利用，同时也要兼顾居室的层次感。

空间灵活运用了每一个角落，合理的划分使整个居室显得井井有条，让居室变得更加"热闹"起来。

- 内嵌式开放书架与沙发的连接构成一种休闲舒适的区域。
- 连接墙体的吊柜起到了上下呼应的作用。

实木的收纳格使空间物品整洁美观，让你不再被如何打理卫浴间的难题所困扰。

- 在洗手池两侧打造开放式收纳格，不但取用方便，在视线上也不显得凌乱。
- 美化空间，让洗手台成为艺术品，散发出天然活跃风采。

本作品把书房、卧室一体化，构成了空间整体化。

- 实木与天篷的线、面结合，外加内嵌的书架为居室彰显出自然清新的艺术气息。
- 书架既具备了收纳性，又体现了展示的功能。

7.6 打造个性自然的居室空间

当今社会随着生活水平的提高，人们也开始注重家居装饰，希望打造出符合自己个性的家居环境。而打造个性的空间要恰到好处地综合运用室内装饰要素，在有限的空间中营造品味独特、集实用性与美感于一身的室内环境。

本作品采用实木拼搭构成的卫浴空间，环境清新淡雅、纯净自然，给人干净整洁的感受。

● 锥形体的结构造型，独特新颖更具稳固性，让人能够在其中放松心情、陶冶情操。
● 几何体的组合空间，充满了奇妙的魅力。时尚个性范儿自然而然地呈现出来。

居室空间采用赭石颜色天花和背景墙，连接着实木的地板，呈现空间的整体美观性。

● 凹凸起伏的天花，精彩多变，为空间创造出独特的艺术视觉效果。
● 大量留白的空间，运用实木打破空间的单调乏味，凸显时尚典雅的自然风格。

本作品简洁时尚的装修配以象牙白色的运用，将空间演绎得淋漓尽致。

● 长方形的天花，尽管线条简单但扩宽了空间的视野。
● 石膏板材质的天花，具有质轻、吸声、绝热等性能。

7.7 领略开放式格局

开放式格局能扩宽空间的视觉效果，使空间不会显得狭窄而产生压迫感。但开放空间最容易出现的问题就是空间杂乱没有条序，因此在家装设计中选用开放式手法要禁忌颜色的杂乱。

本作品采用经典黑、白、灰基调打造简洁干练的开放式居室格局。

- 浅灰色的绒毛地毯与实木茶桌隔开客厅与餐厅区域，使空间格局条理清晰。
- 整体以白色为主、灰色为辅、黑色调和，形成分化有序的格局，使干净素雅的空间更加宽绰明亮。

本作品利用厨房、餐厅和客厅贯穿的开放式格局给人一种视野开阔的感觉。

- 对称式的表现手法使空间更具整体性。
- 运用统一的地板连接空间整体，再使用特异的地毯划分出格局，既不凌乱又显得宽敞美观。

本作品采用素雅的色调，使开放式的格局更具整体性，外加条理清晰的划分，使空间感更加强烈。

- 宽敞明亮的空间会让居住者拥有神清气爽、愉悦快乐的心情。
- 线性的横梁串联着空间整体，而大型的窗户与门洞的设计使空间更加敞亮、宽敞。

7.8 巧妙运用灯光效果

在家装中灯光是最好的配合者，一款别致的灯饰不仅能给家装带来视觉上的灯光体验，同时带来温暖亲切的灯光效果，也为温馨的居室增添艺术韵味。

本作品卧室采用多种照明组合方式，使卧室每个角落都得到光的抚慰，从而给空间带来艺术照明的效果。

- 方形环绕的吊顶照明与吊灯照明给空间带来均匀柔和的光照，营造出温暖的视觉感受。
- 姿态优美的百合花束为空间带来隐隐幽香，也寓意着居室主人生活甜美、和谐温馨。

灯是自然光的延续，本作品通过明暗搭配的光影组合，营造出温馨的氛围。

- 本作品使用壁灯与吊灯组合光源，创造出典雅闲适的餐厅空间。
- 灯光打造的空间散发着温馨的暖意并且更具有排解压力的舒适感。

本作品使用精致小巧的吸顶灯装饰厨房展架，柔和的灯光给人营造出浪漫感，轻松扮靓家装。

- 美丽的弧形光晕为厨房增加了一丝艺术气息。
- 白色的收纳格、优美的花瓶摆饰，同时搭配上柔和灯光,使厨房更加美不胜收。

7.9 安全舒适的儿童房

　　儿童房是孩子休息、学习和玩耍的地方，因此布局要注意安全、通风、环保。儿童房间的地板最为重要，注意防滑避免孩子跌倒磕伤。而且空间不宜太满，要给孩子足够玩耍的空间。

本作品是儿童乐园主题的儿童房，独特的构思理念让儿童在家中拥有一个游戏乐园。

- 空间设计打破了以往的陈旧，奇思妙想的设计完全符合儿童敏捷的思维和活泼的心灵。
- 滑梯房屋的构造为小小的儿童房带来无限的乐趣。
- 楼梯、杂物柜等转角处，使用圆角，防止儿童严重磕碰。

本作品的儿童房设计，注重实用、安全性能。

- 卧室整体地面使用毛呢地毯对摔跤等意外情况起到了保护作用。
- 明快亮丽的绿色和红色，避免了沉闷，可以使孩子的性格开朗活泼。

本作品采用丛林图案壁纸环绕墙体呈现清新、环保氛围。

- 丛林壁纸不仅延伸了空间视觉感受，更让孩子在居室中体会到梦幻般的丛林感觉。
- 空间设计的呈现，为小主人打造出属于自己的童话世界，既风雅又有童趣味道。

7.10 合理划分空间颜色

每种不同的色彩都可以代表不同的心情，关系着特定的环境，也能影响空间感觉和人们的情绪。在空间运用上，好的色彩会给人带来舒适感，不合理的色彩搭配则会给人压抑、沉闷感。因此要合理地运用色调搭配创造出舒适的空间。

居室主人选用红色与绿色互补，用高明的黄色加以衬托，给空间构成欢快、华丽的明快感受。

● 暗红色的茶桌、粉绿色的墙体和花纹单人沙发的组合，丰富了空间色彩，使空间更加饱满。

● 色彩明亮的黄颜色沙发，点亮空间，成为空间的点睛之笔。

空间整体格调搭配，呈现出沉着稳重又不显得昏暗压抑的艺术氛围。

● 绿色的背景墙搭配以浅灰色的地毯，加上红色和紫色的抱枕，给空间带来清爽、自然的效果。

● 金属是百搭装饰。空间茶桌的金属桌腿与摆饰，给空间呈现出实用功能和独有的艺术风范。

本作品采用红、橙、黄暖色色系装扮空间，再搭配上棕黑色的调和，给人带来热情温暖的感觉。

● 奶黄色的天花与互补色的边框形成交相辉映的美丽景象。

● 褐色的毛皮地毯为空间增添了稳重性，不会显得空间漂浮不定，而且还创造出安全、舒适的感受。

7.11 巧妙布置室内植物

　　家居装修要达到美观、舒适的要求，不仅需要配备必要的家具，还可以巧妙地运用一些花卉植物作为点缀。植物在室内装饰中也称植物造景艺术。人们将自然界的花卉植物引入到室内可以达到赏心悦目、舒适宜人的美化效果。

　　"美是各部分的适当比例，再加一种悦目的颜色。"本作品空间色彩明亮，阳光充足，显现出清新淡雅、舒适的画面。

- 墙角处的盆景不仅可以美化卧室环境，还可以净化空气，同时又可以为卧室增添诗情画意、进入耐人寻味的天然意境。
- 淡淡奶黄色墙面和碎花布艺组合出清新淡雅的小清新空间。

　　本作品干练明了的空间设计，为室内形成稳定与轻巧的完美统一。一抹高饱和度黄色，惊艳整个空间。

- 一簇与室内色彩和谐的花束装点，轻盈而纤细，给人寂静芳香、高雅脱俗的感觉。
- 植物不仅清新怡人，而且经济实惠又能营造浪漫的气氛，还可清新空气。

　　花是浪漫的使者，在居室中摆放几盆花，瞬间提升居室的优雅、自然，增添空间的韵律美。

- 花卉植物的色彩、形态与家具物品色彩相互协调，得到相互衬托、相得益彰的效果。
- 白色花盆衬托绿色花身显得淳朴大方，充满平和感。

7.12 客厅中家居陈列的小技巧

每个人对于家装的摆放都有着不同的理解。摆放的位置通常要选用光线好的位置，而光线暗的位置就要放色彩明亮的饰品；空间组合要考虑空间的使用功能，还要协调空间整体风格，以此达到美化空间的作用。

本作品采用各种别致、新颖和具有时代感的桌椅装扮居室，衬托场域之美。

- 白色的空间氛围让一切回归生活的简单质朴，也为开放的格局保留了穿透感和延伸性。
- 空间运用随意摆放的椅子做装饰，可以随时起到供人休息的作用。

居室整体以不同高明度的蓝色点缀白色空间，形成一种清爽怡人的居室环境。

- 在开放空间格局中，一张地毯明显突出了客厅的沙发空间，也使色彩清晰可辨。
- 整体铺设的褐色实木地板，延伸空间的连接，为整体效果营造出浓厚、稳重的氛围。

本作品统一使用白色基调来营造简单内敛的空间氛围。

- 居室客厅处打造一个阳台，不仅给感官上带来愉悦，更能丰富家居情调。
- 拐角沙发与多功能茶几的搭配淡雅别致又可容纳多人，彰显空间的清新典雅。

7.13 正确把握家居风水

家居风水研究如何让人与环境相融、相宜、相合。也可以对家居内部与外部环境进行细致分析，进而对家居环境进行优化、改造。合理的色彩搭配、家具陈列方式会令人感到舒服、安心，否则会影响人的睡眠、健康，影响人的工作、生活。

卧室设计：房门不宜与卫生间、厨房相对，以防各种异味侵袭；床头不靠门，床体应略高于膝盖，床头上方不宜悬挂物品，有助于人的睡眠。

- 床体厚度、床头的床幔设置有助于人的睡眠休息。
- 窗前的长沙发，在阳光的普照下彰显安逸舒适，整体空间居室分配合理。

玄关处不宜正对大门，大门与房门相同可能会使人的心情受到干扰。

- 本作品玄关处理得恰到好处，线面结合的玻璃墙体简单时尚，又给予室内充足日光。
- 防滑的木质地板、整洁明亮的空间，令生活更加富有韵味。

书房装饰，桌子要宽广，易于思路敏捷、外观养眼，椅子背后要有靠头，而环境要不受干扰。

- 本作品采用实木凝重的色彩装饰书房，拥有厚重的质朴感，有利于人的思考。
- 大扇窗户的运用使室内通明不会造成阴暗感受，让居住者享受古色古香的温和味道。

7.14 掌握家居墙体色彩

在家居装修中，墙体是最大的装修对象，它的装修效果直接影响着整体视觉感受。墙体在装修设计中处于主导地位，因此色彩选择要注重空间感，从整体上着手选好主导色，保证整体的协调性，又不宜过于单调。

本作品空间整体格局简单明晰，绿色墙体成就了我们渴望宁静、充满自然气息的梦想。

- 绿色的背景墙有利于生态环保，也改善了人们生活环境。
- 实木地板与绿色盆景，不仅美化环境，还有利于人们身心健康。

本作品带你领略个性与生活的完美结合，打造低调又耐人寻味的生活居所。

- 空间是一个由深到浅，由暗到明的色彩搭配，增加了空间的层次感。
- 温馨明亮的黄色墙体，让室内如充满阳光，使浓浓暖意融入整个居室。

灰色一直很受大家钟爱，但却又不敢尝试灰色的居室墙体，现在大家就一起大胆地尝试一下吧！

- 白色的门框跟棕色的门面，让被灰色包裹的墙体看起来不会产生压抑。
- 蓝色、绿色、粉色的调和形成冷暖对比，提升了空间的暖度，既时尚又不死板。

7.15 既做到省钱，又能装修出好的家居

大家都知道装修比较烦琐，我们不能因急于居住而忽视装修要合理的规划。在规划、设计时不能一味地听从别人安排，要吸取他人经验加上自己的独到见解，只有精心准备，才能轻松地完成家居装修。

本作品中，设计手法简单又不缺少时尚，便捷又节省空间。

● 内嵌电视墙体，节省了电视柜的空间，大方又简洁。
● 不做造型的墙体，选用木条拼搭，节省开支又丰富空间。

本作品整体空间使用干练的表现手法，使用特殊花纹的壁纸凸显空间的气质，使用亮丽颜色的家具凸显空间的品质。

● 运用纹理清晰的实木材质打造出桌椅的"一体化"，增添了空间的美观性，会客时又可拉出椅子供人休息。
● 高饱和的黄、蓝色沙发，为空间带来前卫的时尚感。

本作品利用墙体做简单的书架，使空间变大，又整洁干净。

● 卧室和书房结为一体，节省了再造书房的空间。
● 订制打造的收纳格，综合考虑到实用性、合理性，物美价廉是家居的明智选择。